AF317429

J. C. Keller inv. et delin.

Gust. Phil. Trautner fecit 1768.

LES DELICES
DES YEUX ET DE L'ESPRIT,

OU

COLLECTION GENERALE,

DES

DIFFERENTES ESPECES

DE

COQUILLAGES

QUE LA MER RENFERME,

COMMUNIQUEE

AU PUBLIC

PAR

LES HERITIERS

DE

GEORGE WOLFGANG KNORR.

A

NUREMBERG

III. PARTIE.

1768.

AVANT PROPOS

POUR CETTE TROISIEME PARTIE.

En fait d'Hiftoire naturelle l'heureux Succés des Ouvrages qu'on entreprend dans cette Carrière dépend abfolument des Secours & des encouragemens que l'on peut fe promettre de ceux qui aiment ce genre d'étude, & qui font portez à favori-fer les Recherches relatives aux beautez que la Nature renferme dans fon Sein. Nous avons été trés-heureux à cet égard, & nous reconoiffons dans le Sentiment de la plus vive gratitude la bonté avec laquelle quelques Amis ont fecondé nôtre entre-prife en l'étayant de tous les fecours poffibles. Cela nous a mis en état non feulement de finir il y a long-tems la feconde Par-tie de ce Traité fur les Limaçons & les Moules, mais encore d'en fournir à préfent une *troifième*. Quelques uns de nos Amis, en nous exhortant à continuer cet Ouvrage, nous ont flaté de l'idée qu'il étoit généralement défiré. D'autres fe font offerts à nous communiquer les meilleures pièces de leurs Collections, quand elles nous manqueroient, pour les faire deffiner, afin qu'on trou-vât dans la nôtre tous les Genres, toutes les Efpèces principales, Sousefpèces, & Variations, & que le préfent Ouvrage méritât à d'autant plus jufte titre d'être confidéré comme une Collection

uni-

universelle de Limaçons & de Moules. Nous n'avons pû resister à tant d'encouragemens flateurs, & nous n'avons crû pouvoir mieux marquer nôtre reconoissance à nos Amis, qu'en déferant à leurs conseils, & en complètant l'Ouvrage commencé.

Nous observerons dans cette Partie la même Varieté, qui dans les précèdentes paroit avoir mérité l'aprobation des Amateurs, & ne donnerons que des desseins pris sur les originaux, parcequ'on peut rarement compter sur l'exactitude des copies. Nous aurons aussi l'attention de continuer la Table Sistèmatique des matières dejà faite pour les deux Parties précèdentes, & nous y joindrons encore deux autres Tables, qui mettent le Lecteur à même de se passer d'autres Auteurs. L'une sera destinée à une Spècification de toutes les figures de Limaçons & de Moules selon le Sistème du celèbre Chevalier *Linnæus*, & l'autre renfermera tous les noms dans l'ordre alfabétique, afin qu'on puisse, à tout moment trouver chaque dénomination, telle que l'ont donnée les meilleurs Auteurs à chaque pièce, & s'en rendre ainsi la conoissance familière.

Selon cette Méthode cet Ouvrage sera un Guide général pour tout ce qui est relatif à la *Conchiliologie*, & nous croyons reparer & supléer par là parfaitement & trés-utilement à ce qu'on pourroit peut-être nous reprocher sur la brièveté de nos Descriptions.

Nuremberg, le 29. Avril, 1768.

Les Heritiers de
George Wolfgang Knorr,
Editeurs.

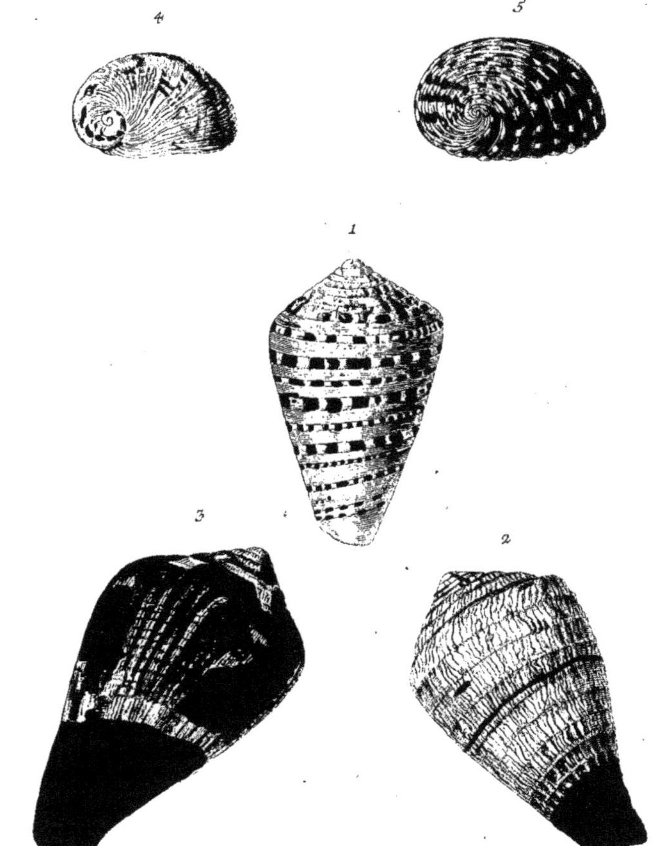

Ex Museo Schadeloockiano & Breyniano.

J. C. Keller ad nat. pinxit.   G. P. Trautner sculps.

DES LIMAÇONS ET DES MOULES.

TROISIEME PARTIE.

PLANCHE. I **

Fig. I.

U n Ami refpeɛtable, qui veut bien favorifer nôtre Ouvrage, a eu la bonté de nous communiquer quelques deffeins originaux de Limaçons & de Moules qu'on a trouvez à *Danzig* dans le Cabinet de feu Monfr. le Doɛteur BREYN. Nous mettons ces pièces à la tête de cette troifième Partie, non feulement pour témoigner nôtre reconoiffance à l'Ami, duquel nous les tenons, mais auffi pour rendre hommage à la memoire d'un auffi grand Naturalifte, que l'étoit Mr. BREYN, & contribuer, autant qu'en nous eft, à la gloire qu'il a aquife à fi jufte titre. Dailleurs ces pièces méritent par elles-mêmes d'être placées au prémier rang.

Cette Figure reprèfente un Limaçon en *Cone, Cornet,* ou *Cylindre.* La beauté de cette pièce l'a faite mettre par tous les Curieux au rang des *Amiraux.* L'on a déjà vû dans les deux Parties précèdentes, ce que c'eft que les Amiraux & les *façons d'Amiral,* & comme nous avons donné dans la feconde Partie les figures des Limaçons de même Genre, nous nous difpenferons d'en repeter ici les Defcriptions. Tous nos Leɛteurs ont entre les mains

A 3

la

la Table des matières fur les deux prémières Parties, à laquelle ils peuvent recourir, pour favoir quels font les Limaçons de genre & efpèce femblable, qui ont déjà été décrits. Nous donnons cet avis une fois pour toutes, ce qui peut fufire aux Curieux, jusques à ce que les trois Tables complettes faffent la clôture de tout l'Ouvrage. En nous épargnant par cette voie la peine d'allèguer les Defcriptions précèdentes, nous évitons l'inconvénient de groffir l'Ouvrage fans néceffité.

Pour revenir à nôtre préfente Figure, on nomme cette Coquille le CORNET DE GUINÉE, vraifemblablement parce qu'on la trouve aux Côtes de *Guinée* en *Afrique*, ou en *Afie* à la *Nouvelle Guinée*, d'où on la transporte en *Europe.* Au moins eft-ce fa plus ancienne dénomination, adoptée encore aujourdhui par le plus grand nombre. Mais comme dans la *Conchiliologie* l'imagination fe donne toûjours carrière, des Auteurs françois (a) ont donné auffi un autre nom à cette Coquille, & l'apellent l'*Aile de Papillon*, (b) peut-être à caufe de la beauté des deffeins dont elle eft marquée.

Quant à fa Strufture, cette Coquille à proportion de fa longueur, a en haut plus de largeur qu'aucun des autres Amiraux. Ses Contours font avan-cez, la pointe émouffée, & la Coquille raifonnablement épaiffe. La longueur des plus grandes paffe fouvent deux, & même trois pouces. Elles varient beaucoup à l'égard des couleurs, tant par raport au fonds qu'à l'égard des deffeins qui diftinguent les bandes. Ce en quoi elles fe reffemblent, c'eft qu'elles font toutes garnies de beaucoup de bandes, & que ces bandes al-ternent entre elles, c'eft-à-dire, que la plus large eft toûjours fuivie d'une plus étroite, & que chaque bande eft marquée de taches quarrées exprimées trés-nettement. Le fonds de celle-ci eft incarnat, ou couleur de chair, les bandes blanches, & les taches d'un rougeâtre qui tire fur le brun. A d'au-tres le fonds eft pourpre, les bandes blanches & les taches noirâtres. Il y en a auffi, dont le fond eft couleur de plomb, les bandes blanches, & les taches violettes. Et encore d'autres dont le fond eft blanchâtre, les ban-des jaunâtres, & les taches d'un brun foncé, ou noires.

Fig. 2. 3. Les *Cornets d'Olive* à *bandes*, & le *Cornet de filet d'Arracan*, ont tant de Sous-espèces, qu'on a befoin de toute fon attention pour n'y pas éta-

blir

(a) *G E R-S A I N T*, *Catal. rai-fonné.*
(b) en al-lemand: *Schmetter-lings-Flügel*, ou *Butter-vogel - Flü-gel.*

blir mal-à-propos des genres particuliers, parceque des deſſeins, ou un coloris plus ou moins diſtinƈtement exprimez occaſionnent quelquefois une autre dénomination toute diférente. (Il y a des Curieux , & même des Auteurs, qui donnent à cette Coquille le nom de Cornet de bois de chêne, auſſi bien qu'au véritable Cornet de bois de chéne, que nous. verrons plus bas ſur une autre Planche.) Les deux figures qu'on voit ici en fourniſſent un exemple parlant. Ce ſont deux Cornets ou Cylindres de même genre & de même eſpèce, mais dont les couleurs ſont diverſes. L'un & l'autre apartiennent aux *Cornets d'olive à bandes*, & ne diférent du *Cornet de filet d'Arracan*, qu'en ce que l'on n'y remarque point ces lignes courbes fines, qui deſcendent aux autres en figure oblongue & repréſentent *le filet d'Arracan*. On les nomme ſimplement les CORNETS JAUNES. Quelques Curieux cependant les mettent auſſi au nombre des *Gateaux au Beurre* à cauſe de leur couleur jaune. Il y a pluſieurs obſervations à faire à ce ſujèt: D'abord il eſt de fait que la nature n'exprime pas toûjours les couleurs également ſur chaque coquille. Quelquefois l'Art s'en mêle. Des Poſſeſſeurs, qui ſont bien aiſes de polir leurs coquilles, & de les rendre unies, en ôtant trop de la ſuperficie, en effacent les couleurs. Il n'y reſte alors que le ſimple fond blanc, & de là vient qu'on voit quelque fois la même coquille dans un cabinet ſous deux figures & dénominations diverſes. Dans le Cabinet de Monſr. BREYN, la prémiére des deux dont il s'agit ici étoit appellée *Volute longue de couleur blanchâtre, à taches d'un jaune de Saffran & à pointe fauve* (c). On y tenoit l'autre pour une grande *Volute d'olive à bandes* de RUMPH. Ce ne ſont cependant au fonds que des Variations de la nature, dont on ne doit pas faire des Genres particuliers. Car lorsqu'en les poliſſant on en ménage la ſuperficie, enforte que la peau y ſoit conſervée , alors elles paroiſſent comme ici la *figure 3.* Quand on en ote davantage, il arrive trés-ſouvent que la Coquille ſe trouve être le *Cornet de filet d'Arracan*, tel qu'on le voit à la figure 4. Planche XV. de la prémière Partie. Si l'on pouſſe la Politure encore plus avant, & qu'on ôte plus de la ſuperficie dans un endroit que dans l'autre, il en reſulte une pièce ſemblable alors à nôtre figure 2. Il eſt vrai que ſouvent la nature elle même produit ces trois ſortes de variations, mais il n'en eſt pas moins certain auſſi que bien des Curieux, à force de polir & de dépouiller leurs pièces,

(c) en latin *Voluta longa, coloris albidi, maculis luteis, mucrone fuſco.*

leur

leur donnent encore beaucoup plus de formes diférentes, & augmentent
par là le nombre des efpèces de Limaçon, en faifant violence aux Loix de
la nature, en quoi ils n'ont d'autre but que celui de donnner à leurs cabinets
un dégré de confidération de plus. Il y a même des Collecteurs, qui, quand
ils voyent quelque efpèce nouvelle de cette catégorie, font affez dupes pour
l'acheter fort cher, s'imaginant d'avoir fait une trouvaille trés-rare. Il eft
bon de remarquer à cet égard que les taches des Coquilles, qui au dedans
ne forment qu'un point fubtil, vont toûjours en s'élargiffant, à méfure qu'elles s'avancent vers la fuperficie. Ainfi plus la tache aproche de la fuperficie,
plus elle eft grande, ce qui rend la dernière peau extèrieure de la Coquille
tellement chargée de couleurs, que quand on n'en dépouille que les dehors
elle paroit déjà toute autre, changement, qui devient toûjours plus fenfible
à mefure qu'on va plus avant, de forte qu'à la fin la Coquille paroit toute
blanche comme neige, ce qui, par raport à des coquilles, qui fe reffemblent affez par la Structure & conformation, fait que fouvent toute diférence difparoit, même entre celles qui font originairement d'efpèce diverfe. Si
l'on nous demande pourquoi l'on donne auffi à ces Coquilles le nom de *Cornets de bois de chêne*, nous n'en pouvons donner d'autre raifon, fi ce n'eft
qu'elles ont à peu près la même couleur qu'on remarque au bois de chêne,
quand il a été bien frotté & imbibé d'huile. Au refte ces Coquilles font affez épaiffes, & l'on en trouve quelquefois qui font du double plus longues.

    Fig. 4. Le Genre des Nerites ou des Limaçons nageans, dont l'em-
bouchure eft quelquefois abfolument ronde, & quelquefois formée en Demi-Lune, peut être divifé en *Coquilles Lunaires*, dont l'embouchure eft toute
ronde, & en *Limaçons à Battant*, dont l'embouchure eft faite én Demi-Lune.
Ces derniers font ou unis, ou à côtes & ftriez. Les unis font ou d'une feule & même couleur, ou à bandes. On doit mettre dans ce dernier rang la
Coquille, que cette figure dépeint, & qui eft le *Limaçon blanc à Battant à
trois bandes rouges marbrées un peu tiré en rhombe.* Les Hollandois l'apellent
Poelerontjes.

    Fig. 5. On place dans l'autre Claffe des *Limaçons à battant*, c'eft à
dire des ftriez, celui qu'on voit ici. Cette coquille eft épaiffe, & a de pro-
fon-

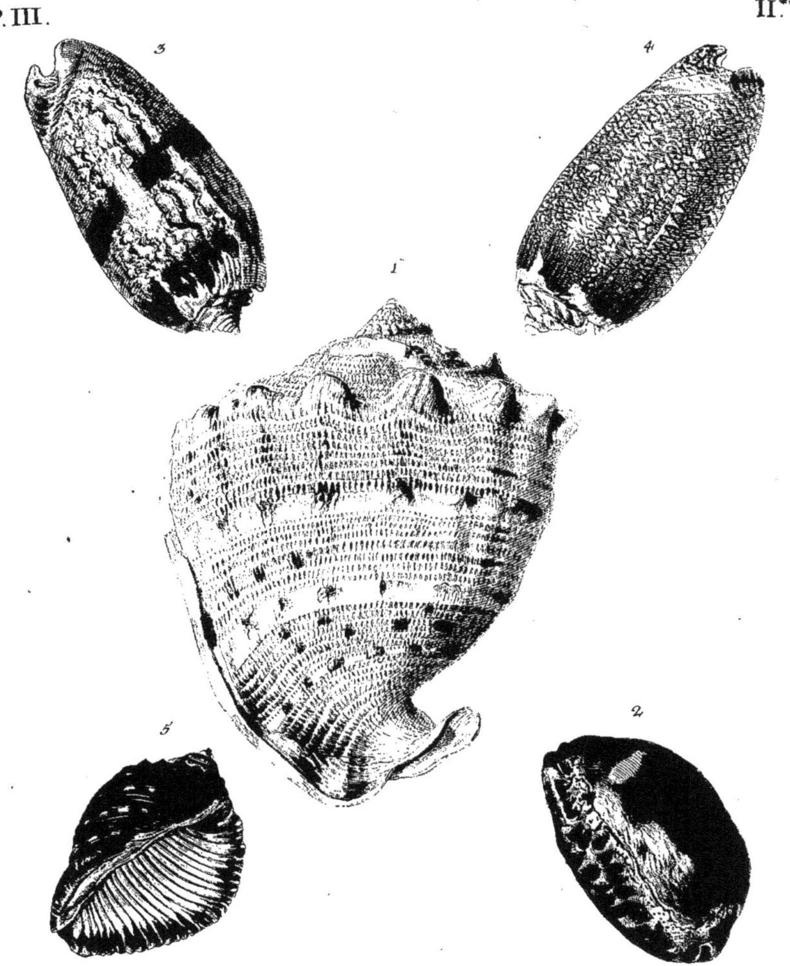

Ex Museo Schadeloockiano.

J. C. Keller ad nat. pinxit.

G. P. Trautner sculps.

fondes cannelures. Les côtes en font noires comme charbon tachetées d'un beau blanc. Les taches font un peu entaillées.

PLANCHE. II.**

Fig. 1. Nous avons dejà préfenté à nos Lecteurs dans cet Ouvrage, en parlant du Genre des CASQUES, le *Casque rouge*, le *Fourneau ardent*, le *Casque à boffettes*, & le *Casque à profonds Sillons*. Il y en a encore plufieurs de cette efpèce, qui méritent d'être produits dans cette Partie. La préfente figure nous en montre un tout diférent de ceux dont nous venons de parler. Les Hollandois l'apellent *Gebraide Kasket*, c'eft-à-dire, le CASQUE TRICOTÉ. C'eft un Casque, qui apartient à l'efpèce principale des *Caffides*, puisqu'il eft de même Structure. Et on l'apelle *tricoté*, parceque la fuperficie entre les bandes femble être comme percée à jour, & couverte d'une infinité de foffettes, comme on en voit aux tricotages, particulièrement quand ils font travaillez en réts & en petits Quarrez. Le prèmier Contour à l'extrèmité la plus large & la plus épaiffe eft garni de Crocs forts, élevez, & qui avancent beaucoup. Ceux des Contours fuivans s'appetiffent proportionellement. Le dos de la Coquille eft décoré de trois bandes affez élevées à flammes, de couleur blanche & brune, entre lesquelles on aperçoit le Grillage, qui paroit tricoté. La coquille-même eft épaiffe, & péfante; elle a une Levre ou babine fort retournée, & atteint jusques à la grandeur d'un pied. L'Embouchure en eft faite comme au Casque rouge, mais la couleur en eft beaucoup plus pâle, & quelquefois jaunâtre. Il eft à remarquer que ce qui femble être la partie poftérieure, ou la queuë de la coquille, doit étre confidéré ici, (comme à tous les Limaçons) comme étant la tête de l'animal, parceque c'eft par cette Queuë, un peu retournée en haut & béante de la coquille, qu'il alonge au dehors les membres ou organes que la nature lui a donné pour prendre fa nourriture.

Fig. 2. Nous avons vû dans les Parties précèdentes plufieurs efpèces de ces Coquilles, qu'on nomme PORCELAINES, & nous avons décrit leur Structure. Nous ajouterons feulement ici que celle de nôtre figure s'apelle la *Porcelaine d'agate ourlée, à nuages & dos violet*. L'on remarque en bas tout

B

autour

autour un bourrelet épais & élevé de couleur jaunâtre, chargé de grandes taches noires; le dos eft à flammes, blanchâtre tirant fur le brun, violet, bleu & rougeâtre, mélange de couleurs qui fait un trés-bel effèt. Le fond uni de l'embouchure eft de couleur Isabelle.

Fig. 3. Les ROULEAUX ou *Limaçons en datte*, dont nous avons auffi déjà donné quelques Defcriptions, varient relativement aux deffeins auffi bien que d'autres coquilles, & par cette raifon il eft presque impoffible que les Auteurs divers foient d'accord pour les dénominations & pour les figures. Ce Rouleau-ci eft une Variation du *Cylindre de Porphyre* & de la *Datte d'agate bigarrée* de RUMPH. On y remarque des taches d'un jaune & brun mat, avec deux bandes brunettes. L'embouchure de ce Rouleau eft jaunâtre. Mais on en a auffi de la même efpèce, dont l'embouchure eft blanche, couleur de pourpre, ou bleu de Roi, & violette.

Fig. 4. Nous joindrons à la même Claffe la préfente DATTE D'AGATE BIGARREE, que quelques uns apellent l'OLIVE MARBREE. Cette efpéce varie auffi relativement à la couleur de l'embouchure. Quelques unes font blanches en dedans, d'autres tirent fur la couleur de chair, ou fur le jaune de citron; mais toutes ont en dedans le plus beau brillant, femblable à celui de l'Agate, du Porphyre, ou du marbre, quand il eft bien poli, ce qui eft fans doute l'origine de fes dénominations.

Fig. 5. Le Lecteur fe fouviendra d'avoir vû dans la Table des matiè. res de la prémiere & feconde Parties fous l'efpèce principale des BUCCINS le quatrième Genre qui eft-celui des *Harpes*. Voici un Limaçon de là même catégorie, vû fa Structure & trés-large embouchure. On le nomme le LIMACON DE RUDOLPHUS, ou la CORNE DE RODOLPHE, ou auffi la GRANDE-GUEULE. Les Contours n'avancent guéres, & font d'un brun foncé, tachetez de blanc. Le prémier Contour qui compofe presque la Coquille entière, eft d'un brun clair, & finement canelé. Au deffus on aperçoit à diftance ègale diverfes bandes ètroites blanches comme neige, fur lesquelles paroiffent plufieurs taches d'un brun foncé, ou noires, de figure quarrée oblongue. L'embouchure eft ample & un peu tirée en rhombe. Quant à la couleur du dedans c'eft un blanc qui tire fur le jaunâtre.

PLAN·

Ex Museo Schadeloockiano.

I. C. Keller ad nat. pinxit.

G. P. Trautner sculps.

PLANCHE. III.**

Fig. 1. Ce BUCCIN MINCE A ONDES LARGES eſt le plus ventru de tous. Le premier Contour a une belle vouſſure. Le fond en eſt blanc, & comme couvert d'une eau couleur de fleur de pomme, ſur laquelle deſcendent de larges ondes d'un brun de chataigne. Les Contours ſupèrieurs ſont d'un beau rouge. La Coquille en eſt mince, transparente, & blanchâtre en dedans. On peut apercevoir à travers les ondes brunes. On en a qui ſont grandes d'un demi-pied, mais il s'en trouve auſſi une petite eſpèce, qui n'a pas plus d'un pouce ou deux.

Fig. 2. Ceci eſt un *Cylindre* ou *Cornet*, connu dans le Cabinet de Mr. BREYN ſous le nom de LOUP CERVIER (a). C'eſt proprement le TIGRE BLANC, le LEOPARD, ou le CORNET DE MUSIQUE, & apartient à l'eſpèce des *Cornets* d'A. B. C. *façon de Gateau au Beurre.* La Coquille eſt épaiſſe, décorée tout autour de taches d'un brun-clair ſur un fond tantôt blanc, tantôt Iſabelle; quelquefois ces taches ſont rouges, ou d'un brun-foncé. Elles ſont comme tirées à la ligne en rangées régulières. Cette eſpèce a tant de Variations relativement à ſes lignes garnies de points, que c'eſt une fatigue de les examiner, ce qui eſt cauſe qu'on donne à ce même Limaçon différens noms, ſelon les couleurs & les deſſeins, qui le diſtinguent. Ainſi on l'apelle tantôt *Livret d'A. B. C.*, *Damier*, *Limaçon - Leopard*, *Coquille notée*, *Tigre*, *Gateau au beurre*, quoiqu'il difère réellement d'une autre eſpèce, dont nous avons donné la figure dans la prémière Partie, Pl. XVI. fig. 3. à laquelle on a affeƈté à-peu-près les mêmes noms.

(a) en allemand: Luchs-Schnecke.

Fig. 3. On doit ranger les NASSAU parmi les *Coquilles en Lune*, qu'on appelle auſſi *Huiliers*, ou *Alykruiken*. Ceci en eſt un de cette ſorte. La Coquille en eſt trés-belle. Le grand Contour, où les couleurs brune & bleue ſont entremélées, eſt garni de bandes, comme à l'ordinaire. La Coquille eſt aſſez épaiſſe, d'un blanc ſale au dedans, & ſemblable d'ailleurs à celle des autres *Naſſau*.

Fig. 4. On a vû Part. II. Pl. VI.* fig. 5. la figure & la deſcription d'une *petite Tour* tachetée, fort ventruë. La préſente piéce lui eſt ſemblable; excepté qu'ici les taches ſont plus grandes & plus pâles, les contours plus

éle-

élevez, & qu'on y remarque à la pointe un petit bouton violet. Ce que nous en dirons cependant, c'eft qu'on a trouvé cette Coquille dans le Cabinet de Mr. BREYN fous le nom de *Buccin ventru à Contours ferrez*. On l'apelle auffi *Corne pointuë* (a) & peut-être eft-ce par cette raifon qu'on la compte au nombre des *petites Tours*.

(a) en alle-mand: *Spitz-horn.*

Fig. 5. La préfente Coquille, que RUMPH range parmi les *Casques à verrues* eft d'une Structure toute particuliére. Les Contours s'environnent l'un l'autre d'une façon oblique & irrégulière. D'ailleurs cette conformation tient beaucoup plus du *Buccin* que du *Casque*. Tout le long de la Coquille eft garni de haut en bas de quantité de verrues en rangées, & les côtes dont elle eft couverte vont en travers. Au moment qu'on tire ces coquilles de la mer on les trouve garnies de poils courts, & comme l'efpèce de fraife, qui fait le tour de l'embouchure eft formée en oreille, on a pris de là oc-cafion d'apeller cette coquille l'*Oreille veluë*. Au refte la Coquille eft épaiffe & for-te, jaune aux futures & dans les fillons, mais blanche fur les côtes, fur les boffes, verruës & fur toutes les élevations. La forme tirée de l'embou-chure a fait donner auffi à cette pièce le nom de *Grimace*. (b)

(b) en alle-mand: *das krumme Maul.*

PLANCHE. IV.**

Fig. 1. Entre les Moules rares on compte auffi une certaine Huitre qu'on nomme le *Crucifix*, la *Moule en croix*, le *Marteau-Couteau*, le *Poignard*, le *Marteau de Pologne.* Cette Pièce fe trouve trés-rarement dans les Cabinets des Particuliers. Nous avons d'autant plus de plaifir à communiquer celle-ci à nos Lecteurs avec fes deux Coquilles couchées l'une fur l'autre. On peut fe figurer cette moule comme une huitre oblongue, qui ainfi que les *Moules en peigne* & quelques autres efpèces d'huitre, a à fa partie fupérieure des deux côtez des oreilles étroites, epaiffes, & extraordinairement longues, l'une ce-pendant beaucoup plus courte que l'autre, lesquelles eu égard à la pofition de la moule s'élévent en ligne oblique. Ces deux oreilles forment la croix ou le marteau, & la partie large qui s'étend de là en bas eft le fiége de l'ani-mal. C'eft ce qu'on compare à un Couteau, à un Poignard Indien, ou au Manche d'un marteau. Il faut pourtant obferver que ce manche n'eft jamais droit, mais toûjours formé en ligne courbe comme la figure le démontre.

Au

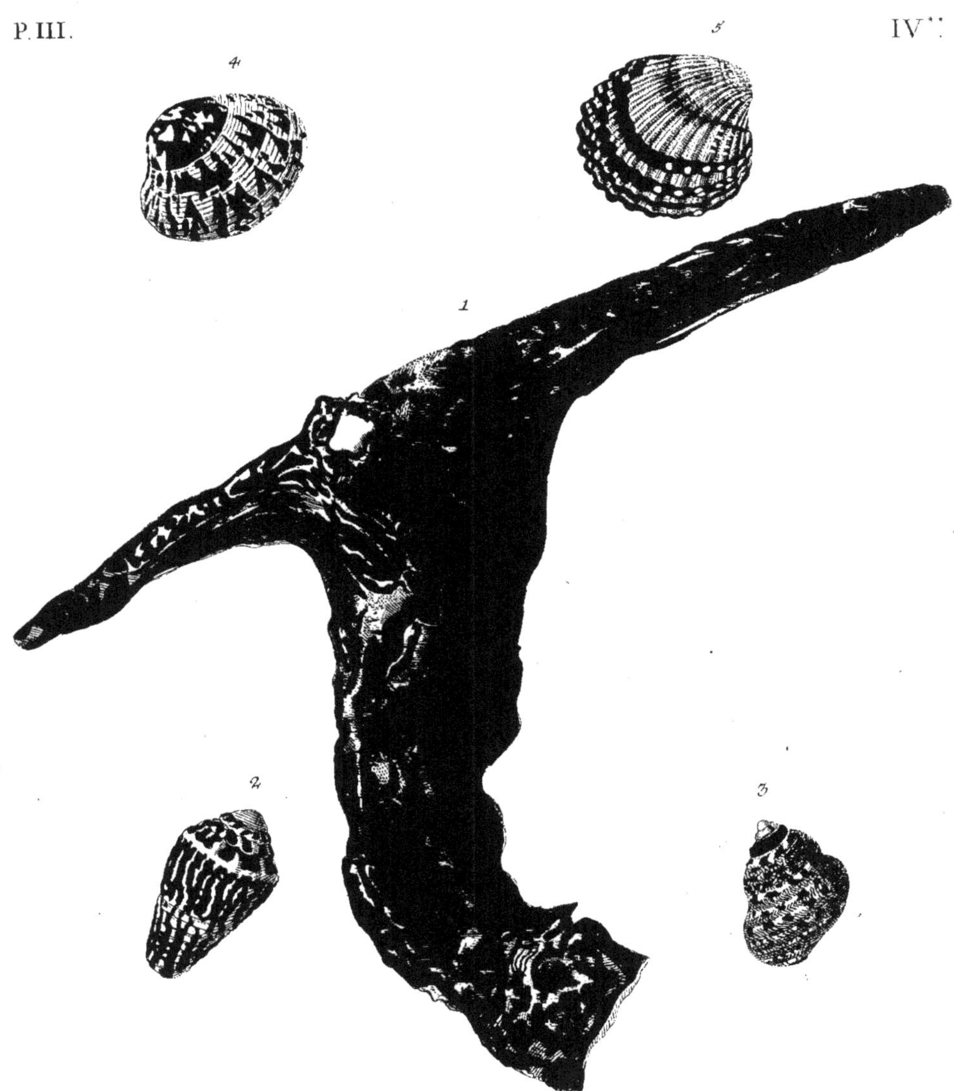

Ex Museo Brugniano & Schadeloockiano.

Andr. Hoffer sculps.

Au refte les deux coquilles font cavées comme une rigole, l'une cependant beaucoup plus profondément que l'autre. Prés de l'ouverture où elles fe joignent exactement, elles font courbées & échancrées. La Couleur au dehors eft entremêlée de brun, de noir, & de blanc, fans qu'on y voie aucun deffein nettement exprimé. Le dedans eft auffi mêlé de blanc, de couleur de perle, de gris, & de bleu. Une imagination fuperftitieufe s'eft amufée à trouver dans cette figure l'image d'un corps humain pendu en croix, ce qui a rendu les Doublets de cette pièce ineftimables.

Fig. 2. Cette Volute courte & de coquille épaiffe fe tire de la mer rouge. On peut la regarder comme une Variation bâtarde de la MUSIQUE DES PAISANS, OU SAUVAGE. La véritable *Mufique fauvage* a des champs noirs difpofez en Quarrez reguliers ; au lieu qu'ici l'on ne voit que de longues rayes noires, qui defcendent du haut en bas.

Fig. 3. Ce petit *Limaçon en Lune* eft tout-à-fait mignon. Le prémier Contour eft marbré de blanc & de noir. Les autres Contours & le fond font un peu rougeâtres, & fe terminent en une pointe jaune: Outre cela chaque Contour eft décoré de deux bandes blanches, fur lesquelles il y a des taches noires quarrées. L'intérieur de l'embouchure brille comme de la Nacre & de l'argent poli, ce qui lui a fait donner le nom de BOUCHE D'ARGENT MARBREE DE BLANC ET DE NOIR.

Fig. 4. Les *Moules à lettres de Xulan*, qui apartiennent au genre des *Moules béantes unies*, difèrent beaucoup entre elles, à l'égard des Deffeins, de la grandeur, & de l'épaiffeur des coquilles. Cela fait qu'on y rencontre quantité de Sous-efpèces & de pièces bâtardes. Ceci en eft une à coquille épaiffe, fur laquelle on voit fur un fond blanc de beaux deffeins en brun, qui imitent la forme des tentes, ce qui a fait nommer cette pièce la MOULE AU CAMP TURC.

Fig. 5. Les petites *Moules en peigne*, qu'on apelle *Petoncles*, fe divifent en plufieurs efpèces, toutes belles, toutes remarquables par la varieté des couleurs & l'élegance des deffeins. L'Arrangement des couleurs en fait fouvent toute la diférence. On n'a qu'à comparer la Moule en Peigne, que

B 3

nous

nous avons donnée cy - deſſus Part. II. Pl. XX. * fig. 3. & à conſulter la
deſcription que nous y avons jointe, pour ſe convaincre que ceci n'eſt
qu'une Variation, où les couleurs ſe font répanduës diféremment. Car
d'ailleurs la forme eſt la même; l'une & l'autre ſont profondément canelées,
& tirées en figure oblique: celle - ci n'eſt que la ſeconde coquille de la même
eſpèce.

PLANCHE. V.**

Fig. 1. Il a été parlé ci - deſſus Part. I. Pl. XX. fig. 1. de Limaçons qu'on
nomme FUSEAUX, & nous avons fait remarquer Part. II. Pl. VI. * fig. 2. les
diférences qui ont lieu dans ce genre, avertiſſant en même tems que ce
n'etoient pas là encore les véritables *longs Fuſeaux.* En voici un de l'eſpèce
principale, ſur lequel on peut ſe règler relativement à tous les autres. C'eſt
le véritable FUSEAU LONG ET ETROIT, qu'on nomme auſſi PIPE A TA-
BAC, ſurtout quand il eſt grand , & qu'il excède la longueur d'un pied,
comme on en trouve quelques fois. Nous lui donnons l'Epitète d'*étroit*
pour le diſtinguer, parcequ'il y en a un autre, qui à proportion de la longueur eſt beaucoup plus large, quoiqu'il ſe pouroit bien que cette diférence
ne ſeroit fondée que ſur le plus ou le moins d'acroiſſement, puisqu'il y a
bien des animaux de la même eſpèce, qui deviennent en croiſſant l'un long
& mince, & l'autre court & épais. Quant à nôtre *Fuſeau*, ſa Coquille n'eſt
pas fort épaiſſe. Des Cercles élevez l'entourent de haut en bas en ligne
Spirale en ſuivant la marche de tous les Contours. Le prémier & principal Contour ſe trouve placé préciſément au milieu entre les deux pointes.
Ceux qui ſuivent s'avancent à proportion, & l'embouchure ſe termine en
une longue cavité, qui eſt dans le bec, ce qui a fait imaginer le nom de
Pipe à Tabac. On peut obſerver particulièrement que de ces Cercles, qui
environnent tous les contours en ligne Spirale, un ſeul, qui entoure la pièce au milieu, eſt beaucoup plus élevé que tous les autres, & a outre cela
quantité d'élevations, qui le font paroître comme s'il étoit entaillé de toutes
parts. Ces Contours étant fort ventrus, ils forment en diminuant de profondes cavitez. Ordinairement la couleur de cette coquille eſt blanche.
On trouve ſeulement aux pointes & en bas un peu de jaune, ce que nous
regar-

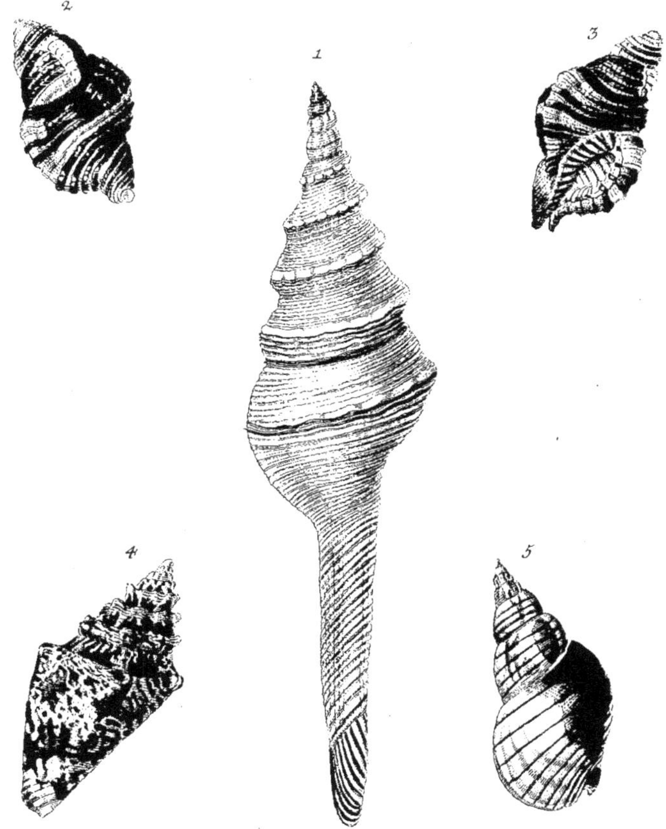

Ex Museo quondam Breyniano & Schadeloockiano.

J.C. Keller ad nat. pinxit.   Gust. Phil. Trautner sculp.sit.

regardons comme des reftes de cette peau extérieure laineufe, dont cette efpèce de Limaçons eft couverte, quand on les tire de la mer.

Fig. 2. & 3. Nous prions le Lecteur de fe rapeller ici un petit *Buccin*, dont nous avons préfenté & décrit la figure des deux côtez dans la prémière Partie, Pl. XIII. fig. 3. & 4. & qu'on trouvera dans la Table parmi les *Buccins*, fous le nom de PETIT NOEUD. En voici un, dépeint des deux côtez, qui ne difère de l'autre que par les couleurs, ce qui nous difpenfe d'en faire une defcription plus étenduë. Il fufira de remarquer que le prémier eft rouge-brun, & bleu, & que le dernier brille de couleur de cinnabre, couverte de bandes blanches, & eft encore paré d'agraffes blanchâtres. RUMPH met à la vèrité cette coquille parmi les *petits Verres à Brandevin*, ou les *Casques à verruë*, mais c'eft véritablement un *Buccin*, & fa forme raboteufe feule ne fufit pas pour le faire mettre au rang des *petits Verres à Brandevin*, dont nous avons donné la Defcription cy-deffus Part. II. Pl. II.* fig, 3.

Fig. 4. Parmi les Limaçons, qui apartiennent proprement à la catégorie des *Amiraux*, il n'y en a aucun qui difère davantage des autres, quant à la Structure & à la forme, que le VICE-AMIRAL dépeint ici. Les Amiraux en génèral n'ont pas de ces Contours formez à la façon des *petités Tours*, & leurs bandes font par tout plus nettement marquées. Mais le *Vice-Amiral* étend vers la partie fupèrieure fes contours, qui font couronnez en quelque façon, & il eft rare que les bords de la bande blanche y foient exprimez bien diftinctément. Cela n'empêche pas que cette pièce ne foit incomparable. Les taches brunes qu'on y aperçoit font d'une trés-grande beauté; on y remarque auffi de trés-belles veines marbrées dans un champ blanc, & le milieu eft entouré d'une bande blanche tant foit peu tachetée de brun. Une bande pareille fait le tour de la pointe infèrieure.

Fig. 5. Le *Buccin ftrié*, ou *marqué de lignes*, fait la clôture de cette Planche. Sa coquille, qui eft unie & mince eft en partie blanche & en partie couleur de chair. Les lignes mignonnes tantôt rouges, tantôt noires, dont elle eft marquée, la diftinguent beaucoup. Ces lignes font imprimées fi naturellement fur la coquille qu'on les prendroit aifément pour un fil qu'on
auroit

auroit paffé tout autour. A l'embouchure l'Animal eft armé d'un aiguillon venimeux, duquel on doit fe garder au moment auquel on le tire de la mer. Au refte la Structure de ce Limaçon reffemble à celle des Coquilles qu'on apelle *Trompettes.*

PLANCHE VI. **

Fig. 1. En parlant du Genre des *Huitres* Part. I. Pl. VII. fig. 1. il a été queftion d'une *Huitre pierreufe*, qu'on apelle le SABOT D'ANE, où il a été remarqué que l'une des coquilles eft garnie d'aiguillons, & que l'infèrieure eft obliquement feuilletée. Nôtre Figure dépeint une de ces coquilles infèrieures d'une autre pièce. La beauté de la couleur, & la pofition des feuilles, qui fortant en travers de la coquille s'elèvent l'une fur l'autre a fourni l'occafion de lui donner encore un autre nom. On l'apelle le *Foelydoublet*, ou le *Doublet de la Fleur de Mufcade*, parceque fes feuilles avancées reffemblerit fort à celles de cette fleur. Au refte ces Coquilles difèrent quelquefois entre elles par la couleur. Car il y en a de plus rouges, & d'autres qui tirent fur le jaune de citron. Outre cela celle-ci eft garnie de côtes depuis la fermeture jusques au bord, & munie çà & là d'aiguillons émousfez, ou de boffettes pointues. Elle eft blanche en dedans; cependant la couleur d'orange paroit à travers, & le bord eft orné d'un Ourlet large de trésbelle couleur. Quant à la fermeture elle a quelque convenance avec celle du *Traquet de Lazare*, (*Spondyli*). On les doit pourtant diftinguer, puisqu'en effèt ce font des efpèces diférentes.

Fig. 2. Tous les *Cornets*, ou *Volutes*, où les deffeins confiftent en rangées regulières de points, ou de taches, portent le nom de *literatæ*, ou *Coquilles à Lettres*; mais on leur dònne auffi plufieurs autres Epitètes difèrentes. Ces Epitètes cependant ont été tellement confondues par les Auteurs, auffi-bien que par les Collecteurs, qu'à peine chaque Limaçon a pû garder un nom diftinctif. Cela eft arrivé en particulier à la préfente pièce, que quelques Ecrivains & quelques Curieux apellent la *Coquille aux Lettres hebraïques*, parceque fes taches noires font quarrées, tandis que d'autres lui donnent fon vrai nom de *Mufique des Paifans*, ou d'*A. B. C. des Paifans*. C'eft la véritable; ainfi on la doit bien diftinguer de la *Mufique des Paifans bâtarde,*

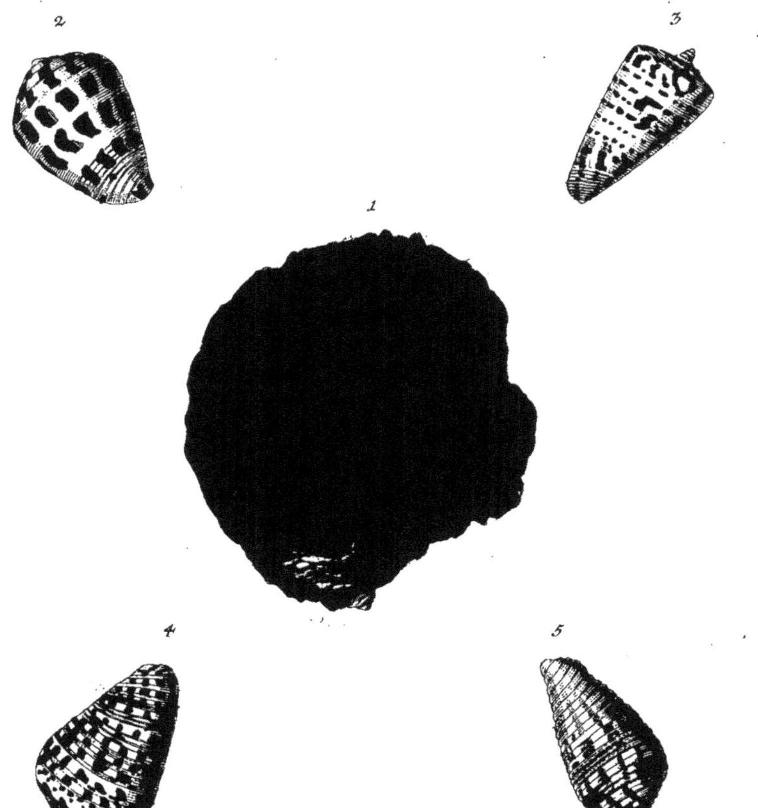

Ex Museo Excell. B.P.L. St. Mülleri, Philos. Doct. et Profess.
ord. Erlang.

I. C. Keller ad nat. pinxit.   Jac. Andreas Eisenmann fecit.

de, dont nous venons de parler Pl. VI.** fig. 2. La Coquille en eſt blanche de couleur calcaire, les groſſes taches de figure quarrée oblongue tirant un peu ſur le rhombe, noires comme du jaïet. A d'autres la couleur
eſt moins blanche & les taches tirent plus ſur le brun.

Fig. 3. Ceci eſt un *Cornet* ou une *Volute d'Amérique*, qu'il faut mettre
au rang DES AMIRAUX DES INDES OCCIDENTALES. On leur donne le nom
d'*Amiraux* à cauſe de leurs Bandes & de la Regularité de leurs taches. Mais
ils ne font pas à beaucoup près auſſi beaux que ceux des *Indes orientales*.
On voit à celui de nôtre figure ſur un fonds blanc deux bandes d'un jaune
pâle, dans lesquelles ſont trois rangées de lignes ou de Stries brunes & entrecoupées. Entre ces bandes jaunes il y a deux rayes de points bruns ſur
un fond blanc. Les Contours, qui le plus ſouvent ſont plats, ſe terminent
au milieu en une pointe aigue. La couleur en eſt brune à flammes.

Fig. 4. On a vû cy-deſſus Planche I. fig. 1. la Deſcription d'un CORNET
DE GUINEE. Comme ceci n'en eſt qu'une Sous-eſpèce, ou Eſpèce bâtarde, nous n'en dirons autre choſe ſi ce n'eſt que le fond en eſt blanc, les
taches brunes, & que les diſtances entre les bandes n'en ſont pas ſi regulières.

Fig. 5. Il y a des Cornets connus en partie ſous le nom de *Barroir de
Tonnelier*, qui ſont un peu ventrus, & dont les Contours avancent aſſez.
Quelques uns ſont entourez de pluſieurs rangées d'élevations, qu'on apelle
Barroirs de Tonnelier grainez, d'autres ſont munis de bandes, & portent par
cette raiſon le nom de *Barroir de Tonnelier a bandes*, d'autres encore ſont
garnis par tout D'ANNEAUX ELEVEZ, & c'en eſt un de cette dernière
eſpèce que nôtre figure dépeint. Ce Limaçon vient des *Indes occidentales*,
& particulièrement des *Antilles*. Sa Coquille a ſouvent outre les anneaux
élevez encore de larges bandes colorées, ſur lesquelles des taches brunes
& blanches ſont poſées alternativement, & ſi avantageuſement, que cela dis-
poſe quelquefois les Curieux à placer cette pièce parmi les *Amiraux*. Celle-
ci eſt de couleur de fleur de pomme; elle a deux bandes blanches, dont
l'une, qui eſt placée au milieu de la Coquille, eſt parée de taches jaunes,

Troiſieme Partie.   C   qui

qui tirent fûr le brun. Cette Coquille eft épaiffe, & garnie de cercles élevez, pofez fort près l'un de l'autre. Entre ces Cercles il y a des canelures étroites, mais profondément entaillées. Là où les Contours s'avancent,
ils font voûtez en rond, & ornez de flammes d'un brun-clair.

PLANCHE VII. **

Fig. 1. L'on trouve dans le Genre des Limaçons ailez, dont l'embouchure avancée confifte en certains lambeaux, les *Grifes du Diable*, les *Harpons de nacelle*, les *Efcargots gouteux*, & les *Crabes* ou Scorpions, dont nous
avons donné les defcriptions dans les Parties précèdentes. Ce que nous
obferverons de plus ici, c'eft que les Curieux diftinguent les Grifes du Diable
en *mâles* & *femelles*. On ne prétend cependant nullement indiquer par là
que les animaux qui habitent ces coquilles foient en effèt mâles ou femelles,
(car l'oeuvre de l'accouplement & de la génèration des Limaçons eft encore
un profond miftère, quoiqu'on puiffe en avoir écrit) mais purement parcequ'il a plû aux Curieux d'y établir cette diférence. Ils difent donc que les
Grifes du Diable à cinq ou à fept raïons, dont les raïons ou crocs font foli-
des ou remplis, font les mâles, & que celles dont les Crocs font ouverts ou
formez en rigole doivent être regardées comme les femelles. Cela pofé la
préfente figure dépeint une Grife du Diable femelle, à cinq raïons. Le
Corps eft en partie fait comme celui des Limaçons en cylindre à contours
fort avancez, la queuë un peu recourbée, & l'embouchure fort diftante du
corps. Le prémier Contour a trois boffes affez élevées, irrégulièrement
placées; du refte la coquille eft garnie de quantité de canelures, qui vont
en travers, & l'embouchure fe termine en cinq Rigoles larges à bouts obtus, fans compter celle, où la tête & la queuë aboutiffent. Nous prions le
Lecteur de fe tenir pour averti que quand nous parlons de tête, de queuë,
& d'embouchure, ces termes doivent toûjours être entendus de la coquille, & non pas de l'animal qui l'habite. Car il n'en eft pas de l'animal comme de fa coquille. La tête de celle-ci eft placée là où les contours s'avancent plus ou moins, & c'eft précifément au même endroit que fe trouve la
queuë de l'animal, qui eft attachée par fon bout à l'extrèmité du plus petit

des

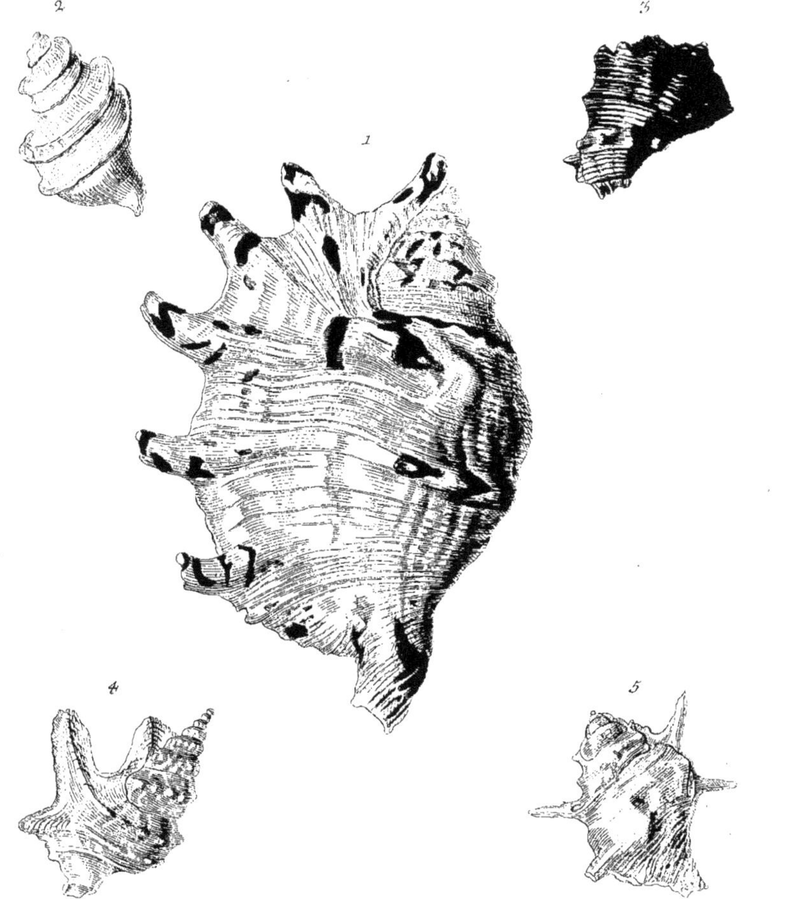
Ex Museo Mülleriano.
J. C. Keller ad nat. pinxit.
Jac. Andreas Eisenmann fecit.

des contours, qui eſt au milieu des autres, au lieu que ce que nous apellons la queuë de la coquille en eſt la pointe inférieure, où eſt placée la tête
de l'animal. Ainſi quand l'animal fort de ſa coquille & marche, il emporte
ſon habitation de façon que la partie la plus étroite ſe trouve placée ſur le
devant, & la plus large avec les contours ſur le derrière. Enfin l'embouchure de la coquille eſt cette large fente béante, où la courbure des contours ſe termine. Or ce n'eſt pas là qu'eſt la bouche de l' Animal; mais ſon
ventre, ſur lequel il rampe. Cette bouche ſe trouve à la tête, immédiatement au deſſus de l'eſtomac & des autres inteſtins au dedans de ce qu'on
apelle la queuë de la coquille.

Pour revenir à nôtre préſente figure, la coquille de ce Limaçon eſt
beaucoup plus mince que celle des autres Grifes du diable, & peut-être
cette raiſon contribue-t-elle à faire tenir celle-ci pour femelle. La couleur en eſt un jaune ſale, couvert çà & là de taches d'un brun de chataigne.
On en a auſſi qui ſont toutes couvertes de taches brunes, & marbrées.
D'autres encore ſont tachetées de noir ſur un fond blanc. L'intérieur de
toute l'embouchure de celle-ci eſt de couleur iſabelle.

Fig. 2. Il a été dit aſſez ſouvent qu'il y a nombre de coquilles de Limaçon, qui quant à la régularité de la Structure diffèrent de celle qui
eſt affectée à leur Genre principal. On fera d'autant moins ſurpris de voir
dans la préſente figure un *Casque à côtes élevées*, qui a des contours extrèmement avancez. La Conformation du prémier contour décèle la raiſon
qu'on a euë de placer cette pièce parmi les casques. On peut l'aſſocier au
Casque à ſillons profonds, que nous avons vû ci deſſus P. II. Pl. XXIV.*
fig. 5. quoique les autres contours avancent beaucoup. Ces contours ſont
garnis de deux anneaux élevez & épais, qui ſont cavez en dedans, & par
conſéquent ſemblables à des rigoles. La couleur au dehors eſt cendrée,
ſans aucun luſtre; un peu de brillant de nacre paroit au dedans à travers
cette couleur cendrée.

Fig. 3. Ceci eſt un PETIT CASQUE A AIGUILLONS. Chaque contour a au deſſus & au deſſous une rangée de grands aiguillons, & au milieu une rangée de boſſes peu élevées. Le fonds en eſt plat, & les con-

C 2

tours

tours peu avancez. La coquille eſt un peu canelée. Dans les canelures ou ſillons la couleur eſt un brun-clair, mais les côtes ou rides ſont d'un brunfoncé. L'Embouchure eſt blanche.

Fig. 4. On apelle PETITES TOURS les Limaçons dont les Contours ſont fort élevez & ſe terminent en pointe. Les Limaçons ailez ſont ceux qui aboutiſſent en lambeaux ou en crocs. Lors donc qu'un Limaçon réünit parfaitement les deux conformations, nous croïons qu'on peut auſſi combiner les deux dénominations. Ainſi l'on peut donner à celui-ci le nom de PE-TITE TOUR AILEE, mais comme on ne peut pas placer cette piéce dans deux endroits à la fois, nous croïons qu'on doit la ranger parmi les Limaçons ailez, puisque ſes ailes ſont ce qui la diſtingue le plus. La ſtructure des Contours répond à celle des *petites Tours à noeuds,* puis qu'on y aperçoit deux côtes élevées garnies de noeuds, lesquelles à l'embouchure ſe terminent en longues continuations, qui forment les ailes. BONANNI apelle ce Limaçon *Turbo pentidactylus,* LA TOUPIE A CINQ DOIGTS. Mais ces cinq doigts ou crocs n'avancent pas tous au dehors en longueur égale. Cette coquille eſt trés épaiſſe. D'autres Limaçons de même eſpèce l'ont fort mince, dont les crocs, proportion gardée, ne ſont jamais auſſi longs que ceux-ci. La couleur en eſt ſale au dehors & d'un jaune pále, le dedans eſt de couleur iſabelle. On trouve les mémes Limaçons bleumourant, bleu de roi, & noirs, & on les prend ſur des côtes Européennes.

Fig. 5. RUMPH met au rang des *Casques à verruës* une certaine eſpèce, qu'il déſigne par le nom de *Crapauds.* Leur ſtructure reſſemble à celle des Buccins Ils ont de chaque côté un rebord tout heriſſé de pointes, & ſont garnis d'ailleurs par tout de boſſes en aiguillons. Tel eſt le Limaçon de nôtre préſente figure, qui porte dans ſa conformation tous les mêmes caractè-res. L'unique diférence c'eſt que cette piéce-ci a de chaque côté deux aiguillons extrèmement longs, ce qui la pourroit faire apeller le CRAPAUD A LONGS AIGUILLONS. Elle eſt au dehors d'un blanc ſale à taches jaunâtres. Le dedans eſt blanc de lait. Au reſte on rencontre ſouvent pàrmi ces Limaçons à aiguillons des jeux de la nature, s'y trouvant à l'égard de la longueur, de la poſitión, ou du nombre des aiguillons quelquefois des

difé-

Ex Museo Mulleriano.

J. C. Keller ad nat. pinxit.　　　　　　　　　　Joh. Adam Toninger sculpsit.

diférences, qui ne fufifent cependant pas pour en faire une efpèce particulière. Car dans fon acroiffement un Limaçon fe forme par fois mieux qu'un
autre.

PLANCHE VIII. **

Fig. 1. Certains Limaçons, dont la Structure tient le milieu entre les
Casques & les *Buccins*, dont la coquille eft voûtée en rond, & mince, portent le nom D'ESCARGOTS EN BOULE (a). Celle que la préfente figure
dépeint s'apelle la PERDRIX. Sa Coquille, qui eft mince, eft compofée de
larges côtes entre lesquelles paffent des lignes profondément entaillées.
Ces côtes font blanches, tachetées de brun, & comme ces couleurs ont
fait comparer cette piece au plumage d'une Perdrix, on l'apelle auffi la
COQUILLE EMPLUMEE (*Cochlea pennata*). Elle eft fort ventruë, légère
comme une Coque d'oeuf, & parvient à une grandeur confidérable. L'ém-
bouchure eft fort grande en dedans, unie, & de couleur brunette.

(a) En latin: *Cochlea globofæ*, en allemand: *Kugel-* ou *Schellen-Schneken.*

Fig. 2. On apelle cette pièce le CASQUE A COTES ET A FLAMMES.
Quelques Curieux la nomment LA ROBE D'ATTALE. Les côtes ne vont
point en travers, mais en long & ne font guère élevées, ce qui fait placer
cette Coquille parmi les Casques unis. Les couleurs y font arrangées comme fur le papier marbré. La couleur en eft un brun-foncé fur un fonds
rougeâtre. L'embouchure eft bordée d'un ourlet épais blanc, fur lequel il
y a des taches d'un brun-foncé, qui fe terminent en raies jaunes. Elle eft
auffi garnie des deux côtez depuis le haut jusques en bas de lignes élevées
ou de petites dents à la façon des Limaçons qu'on nomme Porcelaines.
Elle eft étroite. Sa couleur eft blanc de lait. La Coquille eft épaiffe &
péfante & elle parvient à une grandeur qui paffe deux fois celle-ci. On
en trouve où la couleur eft plus foncée, & d'autres où elle eft plus claire.

Fig. 3. On apelle LIMAÇON DE BEZOARD un Casque plus rond
que le précèdent, & muni d'une embouchure plus large. La raifon de cette dénomination eft qu'il reffemble par la couleur à la Poudre, qu'on
conoit fous ce nom, ou peut-être parcequ'il eft plus en boule, & a par là
de la conformité avec la *boule de Bezoard*. Les contours font garnis en haut

C 3

de

de petits noeuds. L'Embouchure eft munie d'une large babine pofée à plat, laquelle, lors-même que l'animal étend fon habitation en globe, ne paffc jamais fi bien, qu'on n'en aperçoive toûjours quelque veftige. De là vien- nent ces bourrelets élevez qu'on voit quelquefois fur ces coquilles, & qui ne font autre chofe que les bords des anciennes embouchures qu'avoit la coquille, lorsqu'elle étoit encore petite. Cette pièce dévient groffe com- me le poing.

Fig. 4. Voici encore un LIMAÇON EN VESSIE qu'on apelle auffi le LIMAÇON EN GRELOT TACHETE, ou le LIMAÇON EN GRELOT CERCLE, ou encore le LIMAÇON A L'HUILE. Il n'y a qu'à regarder la pièce pour être au fait de la raifon des deux prémieres dénominations, puisque la coquille eft garnie de larges cercles élevez eloignez l'un de l'au- tre, & décorez alternativement de taches brunes & blanches fur un fond d'un blanc fale, qui tire fur le jaunâtre. La Coquille eft mince, l'Embou- chure large & la cavité des cercles extérieurs fe voit par les canelures pro- fondes qu'on aperçoit au dedans. A l'égard du nom de *Limaçon à l'huile*, il vient de ce que les habitans d'*Amboine* fe fervent de la même coquille pour puifer l'Huile de *Kalappus*, quand ils la font bouillir.

Fig. 5. Nous venons de voir fig. 3. un Limaçon de Bezoard d'une couleur uniforme. Ce Casque-ci eft diférent. On le nomme le LIMAÇON DE BE- ZOARD TACHETE, & quelquefois le DAMIER. On lui laiffe le nom de *Bezoard* à caufe de la grande reffemblance qu'il y a entre cette pièce & la coquille précédente, quoique la couleur en foit un peu plus blanche, & qu'il n'y ait point de noeuds aux contours. Et on lui donne l'épitète de *ta- chetée* pour la diftinguer d'un autre Limaçon de Bezoard, qui a tout du long des flammes brunes, & qu'on apelle par cette raifon le *Bezoard à flammes*. Il n'y a perfonne qui ne voie que le nom de *Damier* lui vient des taches d'un brun pâle, dont elle eft marquée, qui cependant font à chaque rangée de couleur diférente. Au refte cette Coquille eft toute auffi forte que celle de la figure précèdente. Le bord de l'embouchure eft élevé, & l'embou- chure même dentée & blanche. L'intèrieur eft jaune tirant fur le brun.

PLAN-

Ex Museo Mulleriano.

J.C.Keller ad nat pinxit.   J.A.Joninger sculps.

PLANCHE IX. **

Fig. 1. Les Coquilles à aiguillons, (*Murices*), compofent le quatrième Genre dans l'Efpèce principale des *Casques*. On donne indifféremment le nom de *Murex*, ou de *Coquille à aiguillons* à celles qui font garnies ou de pointes, ou de noeuds, ou de frifures, ou qui font fort ridées. Celle que nôtre figure repréfente eft de la dernière forte. On l'apelle la QUEUE HAUTE, à caufe que fa queuë eft en effèt relevée, LIMAÇON DE MAR-BRE, vû fon épaiffeur & fa péfanteur, & LIMAÇON DE POURPRE eû égard au fuc rouge que cet animal rend, ce qui lui eft commun avec quel-ques autres limaçons du même, genre. Sa coquille eft épaiffe & péfante, fort ridée fur les contours, & garnie du haut en bas de plufieurs côtes éle-vées. Ces côtes ne font autre chofe que le bord de l'embouchure préce-dente formé par l'animal même, toutes les fois qu'il ceffe pour quelque tems de travailler à l'agrandiffement de fa coquille par de nouvelles Continuations. La queuë, comme nous l'avons dit eft relevée, & un bord fuccédant à l'au-tre cela forme cette quantité de rides, qui fe réüniffent à la queue, & y font élégamment couchées l'une fur l'autre. La couleur de chaque contour eft un brun de café, & en bas calcaire & cendrée, entremêlée d'un peu de brun. L'embouchure eft dentée dans fa ronde circonférence, & d'un bel incarnat. Cependant cette couleur varie quelquefois, car on en voit qui font au dedans couleur de pourpre, d'autres violettes, d'autres jaunes de citron, & d'autres tout-à-fait blanches. On trouve à tous ces animaux une petite veffie renfermant quelques goutes d'un fuc, qui fourniffoit la couleur de pourpre, quelquefois plus quelque fois moins chargée, mais toûjours la plus durable, & la plus magnifique.

Fig. 2. Voici une des plus admirables & des plus mignonnes pièces du même genre. Elle porte le nom de TISON BLANC, foit à caufe du fonds, qui eft blanc, foit parceque fes crocs élégamment frifez, ont des pointes qui femblent avoir été brunies ou noircies au feu. La coquille eft un peu ridée en travers, & ces rides fe terminent en crocs à l'embouchure. Les quatre rangs de crocs, qui defcendent de haut en bas, font autant de ve-ftiges des embouchures, qui ont précèdé, & les crocs des reftes des rides transverfales, qui vont toûjours aboutir à l'embouchure par de pareilles longues

gues Continuations. La queuë eſt un peu pliſſée & relevée comme aux pré‑
cèdens. Au dedans l'embouchure eſt blanche comme de la neige.

Fig. 3. Cette petite Coquille à aiguïllons eſt ſemblable par ſa ſtruĉture
& par la forme de ſes friſures aux autres *tiſons*, mais elle n'en a pas les cou‑
leurs. C'eſt ce qui a ſans doute déterminé RUMPH à l'apeller LE TISON
PALE. D'ailleurs les Crocs ſont plus diſtans l'un de l'autre, & plus longs
qu'aux pièces précèdentes. C'eſt ce qu'on peut auſſi remarquer à la queue
qui ſe termine en un canal plus long, garni de friſures. Quant aux rides
transverſales, & aux crocs, il n'y a point d'autre diférence. La couleur eſt
cendrée mêlée d'un rouge pâle. L'embouchure eſt d'un blanc ſale, & ſe
termine en une rigole étroite qui eſt preſque fermée.

Fig. 4. Le petit PUISOIR, ou la PETITE TETE DE BECASSE, que
la préſente figure dépeint, nous vient du Golfe de *Marcaibo* en *Amérique.*
C'eſt une belle pièce. Elle difère des autres du même genre par quelques
petits aiguïllons pointus, qui ſortent de côtes élevées, dont la coquille eſt
garnie tout du long. Comme elle ne devient pas grande on l'apelle la PETITE
TETE DE BECASSE DENTEE. Ordinairement elle eſt à bandes, ſes contours
étant en haut d'un brun aprochant du noir, gris‑cendrez au milieu, & en
bas derechef d'un brun qui tire ſur le noir, lesquelles couleurs ſemblenr
avoir été tirées à la règle, tant elles ſont diſtinĉtément ſéparées. On les re‑
marque en dedans à travers la coquille quoiqu'elle ſoit épaiſſe. La queuë
n'eſt autre choſe qu'un canal étroit.

Fig. 5. La Famille des *Buccins* fournit encore en petit bien des pièces
d'une rare beauté, qu'on trouve principalement aux Indes orientales & oc‑
cidentales. Tel eſt le petit Buccin qu'on voit dépeint ici, & qu'on tire auſſi
du Golfe de *Marcaibo.* On y en trouve qui ſont tout au plus du double auſſi
grands, mais ils ne paſſent jamais cette méſure. On nomme celui‑ci le
GATEAU A L'HUILE, peut‑être à cauſe de ſa couleur. Sa Conformation eſt
exaĉtement celle d'un Buccin. La coquille eſt trés‑épaiſſe en travers, &
ſi finement ridée en long qu'elle eſt toute couverte d'entailles ſubtiles. La
couleur en eſt mêlée de brun‑foncé & de brun‑clair & entrecoupée de ta‑
ches blanches oblongues. L'embouchure en eſt bordée d'un gros bourrelet,

qui

1

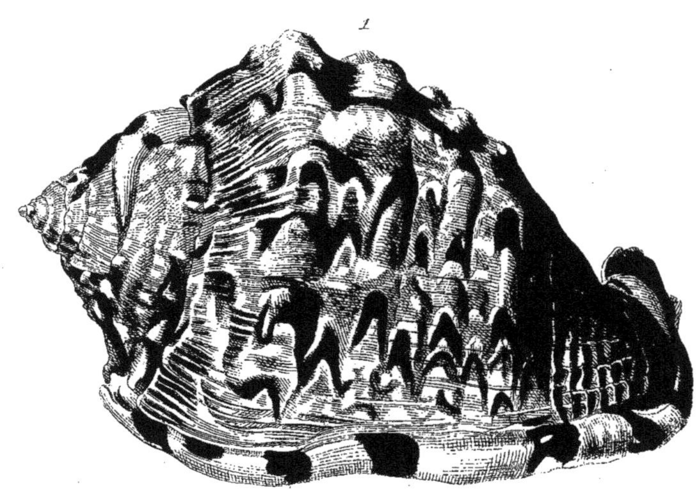

2

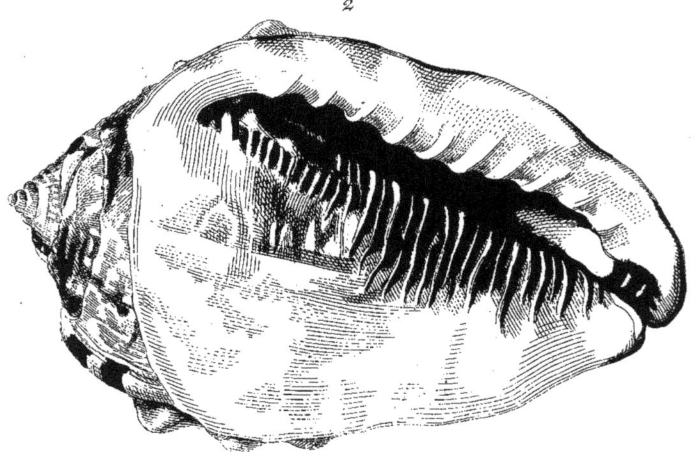

Ex Museo Mulleriano.

J.C.Keller ad nat: pinxit.

J.A.Eisenmann sculps.

qui fait paroître encore ici fur les contours des côtes élevées, qui font les anciens bords des embouchures précèdentes. Le bord intérieur de l'embouchure eft doublement denté & entaillé, & de couleur de chair. Cependant en regardant plus avant, on s'aperçoit que des rayes noires, d'un brun-clair, & blanches, paroiffent à travers. La queuë eft un peu recourbée.

PLANCHE X. **

Fig. 1. La prémière figure de cette Planche dépeint un CASQUE EMPLUME NOUEUX DES INDES OCCIDENTALES. On l'apelle *noueux* à caufe de fes boffes, & les deffeins à flammes dont il eft marqué & qui reffemblent à du papier marbré, lui ont fait donner l'epitète d'*emplumé*. Cette Coquille eft trés-épaiffe & devient quelquefois du double plus grande que ne l'eft nôtre figure. Les contours en font plus hauts, & plus en pointe, qu'aux *Casques à noeuds*. Les boffettes en font le tour en rangées, & les plus fortes fe trouvent en haut aux contours. L'embouchure en eft bordée d'un gros Ourlet jaunatre, qui fe replie au dehors, où il eft décoré de quatre belles taches brunes qui tirent fur le noir.

La queuë fe replie vers le haut en deux babines béantes, & eft auffi colorée en dedans de brun tirant fur le noir. On a lieu de juger que l'animal quand il marche élève fon cou ou fa tête par ce conduit.

Fig. 2. Nous voyons ici la *partie inférieure* du même limaçon que nous venons de décrire. Elle en repréfente l'embouchure qui eft dentée des deux côtez, plufieurs bourrelets élevez de couleur blanche en garniffant les bords intérieurs, entre lesquels on obferve une couleur de chataigne. Le refte de la fuperficie large de la partie inférieure eft une nouvelle Continuation de la matière, qui fait la fubftance des coquilles, dont l'ancienne coquille auparavant bigarrée a été couverte de nouveau. On trouve immédiatement derrière le bord extérieur de cette babine inférieure le vieux Ourlet qui faifoit le tour de l'embouchure de la coquille, lorsqu'elle étoit encore de la moitié plus petite. Car il paroit que cet Animal en croiffant s'agrandit toûjours de la moitié de fa rondeur, & qu'il forme enfuite un nouvel ourlet à fon

Troifieme Partie.　　　　　D　　　　　　em-

embouchure. On fait que d'autres Limaçons en croiffant n'aquièrent chaque fois de nouveau dégré de grandeur que la valeur du quart, du huitiè_me, ou du feizième de ce que comporte leur circonférence entière ; il y en a même, particulierement de ceux qui ne mettent point d'ourlet à leur embouchure, lesquels ne s'agrandiffent que par de courtes continuations, qui dans leur largeur n'excèdent pas l'épaiffeur d'un ongle, comme on l'obferve aux cylindres & à la plûpart des Moules. Ainfi felon que l'animal eft plus ou moins capable d'ajufter exactement les Continuations à fon ancienne habitation, il en refulte que la fuperficie de la coquille demeure unie, ou qu'il s'y forme des rides, des fentes, ou d'autres inégalitez qui en détruifent toute la beauté. Telle efpéce de Limaçons a généralement le malheur de conftruire mal fon habitation, tandis que telle autre execute toûjours fon plan fur les règles d'une Architecture jufte & elégante, ce qui dépend vraifemblablement beaucoup ou de la conformation du corps de l'animal, ou du fond plus ou moins uni ou raboteux de la mer où il vit. Il y a toute aparence que le fuc, qui fort des pores de ces bétes fournit la matière qui en fe durciffant forme la coquille, fur la Structure de laquelle la conformation du corps de l'animal, qui en eft l'Architecte, a neceffairement le plus d'influence.

PLANCHE. XI. **

Fig. 1. Dans le Genre des Limaçons ailez dont l'embouchure n'eft pas garnie de dents, mais d'un rebord fort avancé, il fe trouve deux fortes de TIREURS D'ARMES. Nous en avons dejà décrit un cy-deffus Part. II. Pl. XV. * fig. 1. 2. où nous avons rendu raifon en même tems de cette dénomination. L'autre a une babine plus large, & la pointe avancée qu'on voit fortir à l'embouchure, & qu'on apelle le *doigt*, eft moins long qu'à la prémière forte. Une autre caractère, qui le diférencie, c'eft que fes boffes font moins exhauffées. C'eft une pièce de cette catégorie que la préfente figure dépeint. Les Curieux la nomment le LIMAÇON A LAMBEAU BOSSU, OU RABOTEUX, OU l'INDEX OU l'OREILLE D'ANE. La coquille eft épaiffe & forte, & garnie au prémier contour de quelques boffes, d'ailleurs un peu ridée. L'embouchure confifte en un large lambeau, qui a en haut une pointe

avan-

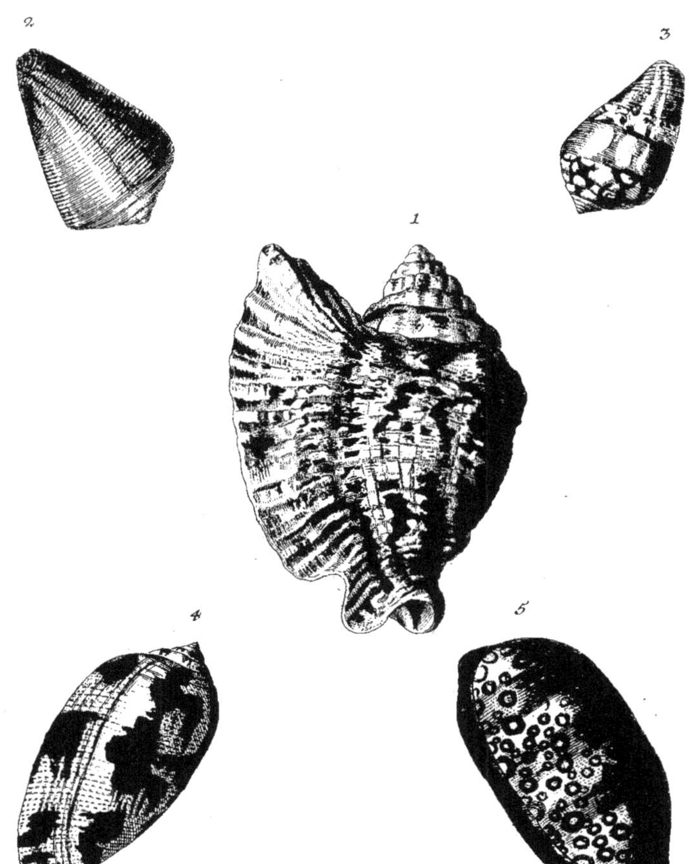

Ex Museo Mulleriano.

J. C. Keller ad nat. pinxit.   G. P. Trautner sculps.

avancée, & qui fe relève à la queuë par un pli recourbé. La couleur eft
blanchâtre, décorée d'ondes brunes. Au dedans elle eft toute blanche.
On en trouve pourtant dont la couleur intérieure eft un rouge - clair.

Fig. 2. Sur la Planche I.** fig. 3. de la préfente Partie on a vû un
Cylindre jaune, que quelques Curieux défignent par le nom de *Cornet de
bois de chêne*, parce que fa couleur répond à celle du bois de chêne qu'on
auroit imbibé d'huile, mais nous avons averti au même endroit que cet‑
te dénomination étoit apliquée mal‑à‑propos à ce cylindre ou cornet jaune.
La pièce que la préfente figure dépeint eft le VERITABLE CORNET DE
BOIS DE CHENE, ainfi nommée, parceque prémièrement fa couleur eft la
même que celle d'un morceau de bois de chêne fraichement coupé, & qu'en
fecond lieu on obferve fur la coquille des lignes fines, fubtiles, & de cou‑
leur brune, contiguës l'une à l'autre, qui environnent les contours dans leur
rondeur, & reffemblent aux veines du chêne. Du refte la coquille eft
unie, peu épaiffe, blanche au dedans, & fa grandeur parvient à la longueur
d'un doigt.

Fig. 3. Il eft connu, & nous l'avons déja dit autrepart, qu'il y a quan‑
tité d'efpèces de *cornets d'olive*, auxquels on affecte plufieurs noms. Ce que
nous voyons ici eft un CORNET D'OLIVE JAUNE A BANDES trés - beau,
qu'on apelle auffi le CAPITAINE. La couleur en eft un jaune pâle. Une
bande blanche comme neige, ornée de taches brunettes en forme de flam‑
mes, environne les contours en haut, & au milieu de la pièce & quelquefois
auffi en bas à la pointe. Quand le jaune eft plus exhauffé, & foncé, alors
les taches de la bande blanche font auffi trés - foncées, & fouvent brunes
tirant fur le noir.

Fig. 4. On a dejà parlé amplement des *Augets* Part. II. Pl. IV.* fig. 1.
Tout ce que nous ajouterons ici, c'eft que la préfente pièce apartient au
même genre. On l'apelle l'AUGET A NUAGES, ou le LIMACON A NUAGES.
La Coquille eft trés - mince & légère. Le fond de la couleur eft blanc, fur
lequel on voit defcendre en long des Nuages jaunes tirant fur le brun, & en
travers un trés - grand nombre de points, difpofez en rangées en font le
tour. L'embouchure qui eft affez large eft rougeâtre, ou couleur de fleur

de

de pomme. On en voit de la même forte, dont les contours font couron_
nez ou entaillez. Ceux - ci diffèrent entre eux d'une manière étonnante re_
lativement aux deffeins. Leur grandeur paffe quelquefois quatre pouces.

Fig. 5. L'*Argus* eft un nom qu'on donne à tous les *Limaçons - Porcelaines*
dont la fuperficie eft garnie de petits anneaux ronds, qui repréfentent au_
tant d'yeux. Le plus fouvent ces anneaux font fimples. Quand ils font
doubles, on donne à la pièce le nom de DOUBLE ARGUS, & telle eft celle
que nous voyons ici. Le fond eft ifabelle, fur lequel paffent en travers
trois bandes d'un brun pâle. On remarque par tout de doubles anneaux
bruns de diférente grandeur, au milieu de chacun desquels eft une tache
blanchâtre pareille à la couleur du fond. Il faut cependant obferver que ces
doubles Argus diférent auffi entre eux. Quelqués uns ont le double anneau, &
la tache du milieu eft blanche. D'autres n'en ont qu'un anneau & une tache brune
au milieu, ce qui n'empèche pas l'oeil de paroitre double. D'autres encore ont la tache brune au milieu, entourée de deux anneaux bruns, très-
diftinguez entre eux, & de la tache brune intèrieure par la couleur du fond
qui remplit les intervalles.

PLANCHE XII.**

Fig. 1. On a coûtume de mettre les coquilles notées au rang des *Har-*
pes en confidération de leur largeur. Ici nous en voyons une pièce extrèmement longue, dont la ftruêture a beaucoup de raport à celle des
Strombes, ou *Eguilles*. Nous l'apellons la LONGUE COQUILLE A NOTES.
Elle eft de couleur pâle, chargée en travers de fix lignes brunettes qui
femblent y être burinées à diftance égale l'une de l'autre. Des taches &
des rayes brunes foncées qu'on remarque au deffus, au deffous, & dans
l'entredeux des lignes repréfentent les notes. Au refte la coquille eft de-
corée de quantité de rangées de points trés-fins. L'embouchure eft blanche.
Cette pièce vient des *Indes occidentales.*

Fig, 2. Ceci eft un *Limaçon - Porcelaine* couvert tout du long de quantité
de lignes brunes, entrecoupées par d'autres lignes & par des taches, où
l'on remarque quelquefois la figure de quelque Lettre de langues étrangè-

res

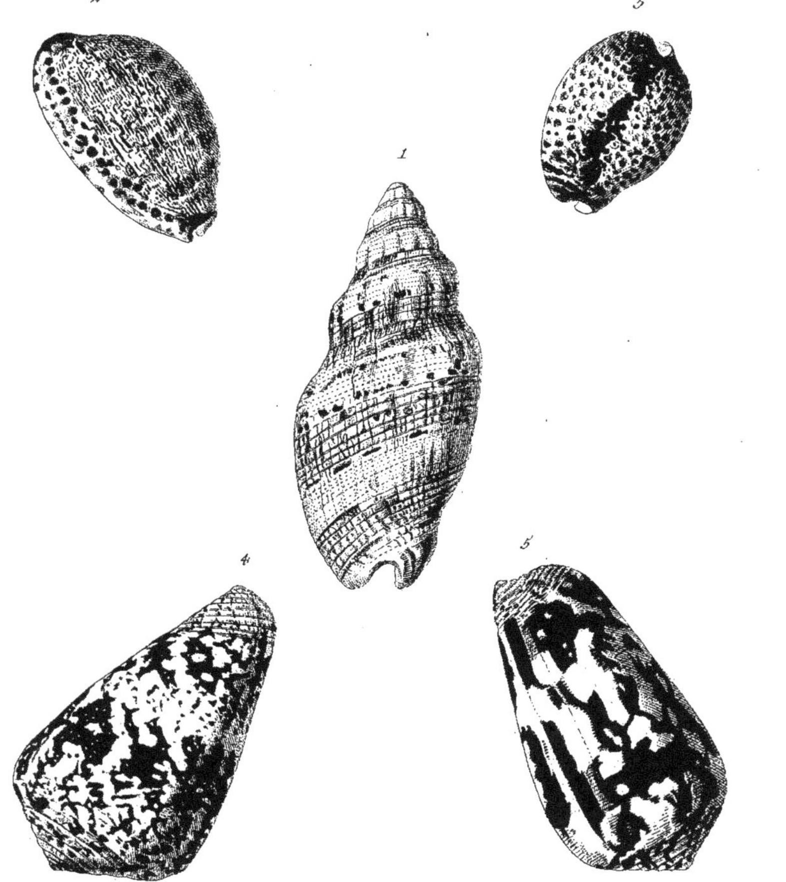

Ex Museo Mulleriano.

J. C. Keller ad nat. pinxit.　　　　　　G. P. Trautner sculps.

res. C'eſt ce qui a fait imaginer le nom de PORCELAINE AUX LETTRES ARABES qu'on donne à cette pièce. Elle eſt marquée en bas d'un bord bleuàtre, où l'on voit quelques petites taches rondes, les unes noires, les autres d'un brun foncé.

Fig. 3. Le Golfe de *Marcaibo* en *Amérique* fournit encore uue eſpèce toute particulière de *Porcelaines*, ce dont la preſente figure ſert de preuve. Dans ſa Structure elle eſt plus exhauſſée vers le milieu, & ſe termine en bas plus en pointe que les autres Porcelaines. La couleur en eſt cendrée, couverte de taches rondes d'un brun pâle, ſur lesquelles paſſe encore une peau, & tout le long du dos on voit un rang de taches rondes brunes tirant ſur le noir, qui ſemblent ſe perdre l'une dans l'autre. L'embouchure n'a rien de particulier, étant à tous égards ſemblable à celle des autres coquilles du même genre.

Fig. 4. L'on donne aſſez génèralement le nom de CORNETS D'AGATE à quantité de Cornets qui ne ſe diſtinguent ni par des bandes ni par d'autres caractères de façon qu'on puiſſe les honorer d'une dénomination particulière, & ce nom géneral s'aplique à tous les *Cornets* marquez de deſſeins & de figures indéterminées ſur un fonds blanc brillant. Nous ne donnerons point d'autre nom à la préſente figure quoiqu'il en ſoit fait mention çà & là ſous pluſieurs autres dénominations, que nous ſuprimons ici, ſoit parcequ'elles ne ſont pas aſſez déterminées, ſoit parceque les mêmes noms ont auſſi été affectés à d'autres coquilles, ce qui ne peut qu'occaſionner de la confuſion. Cette piece eſt blanche comme neige, & a des taches d'un brun-foncé, qui forment presque deux bandes, entrecoupées pourtant par quantité de points & d'autres petites taches. La coquille eſt épaiſſe & un peu ventruë. Les contours s'elèvent en pointe.

Fig. 5. Nous renvoyons ici le Lecteur à ce que nous avons dit Part. I. Pl. XVIII. fig. 1. au ſujèt de l'*Eſcargot aux nuées* ou *à nuages* qui y a été décrit. Ce que nous avons à ajouter ici, c'eſt que la preſente COQUILLE A NUAGES reſſemble parfaitement à l'autre relativement à la Structure; il n'y a de diférence qu'aux deſſeins, & il eſt de fait qu'on en trouve rarement deux où les deſſeins ſoient pareils. On les apelle auſſi le LIMAÇON TIGRE,

30

TIGRE, quand les couleurs paroiſſent bien diſtinctément, quoiqu'on donne auſſi ce nom à une autre ſorte.

PLANCHE XIII. **

Fig. 1. Il a été queſtion Pl. IX. fig. 1. d'une *Queuë haute*, dont les crocs n'étoient pas longs, & qui n'étoit caractériſée que par des rides & par des plis, qui partent toûjours de l'embouchure actuelle. La préſente coquille au contraire eſt garnie ſur les plis de longs crocs ou dents, qui la font apel-ler LA QUEUE HAUTE A CROCS, OU DENTEE. Célle-ci eſt du reſte ſemblable à l'autre relativement à la Structure, aux plis, & aux rides transverſales. La partie ſupèrieure des contours eſt brune. Plus bas on voit des bandes d'un brun pâle ſur un fonds gris de cendres. L'embouchu-re eſt tout-à-fait blanche, excepté qu'on y aperçoit la couleur brune des bandes à travers la coquille.

(*) en alle-mand : *Som-merſproſſen.* Ce ſont les *rouſſeurs* qu'on prend quel-quefois au viſage, & qu'on apel-le auſſi *len-tilles.*

Fig. 2. On donne à cet Eſcargot ailé le nom de LIMAÇON AILE AUX LENTILLES (*), à cauſe de la convenance de ſes taches avec celles qui vien-nent à certaines perſonnes au viſage & aux mains. Quelqués Ecrivains l'apellent auſſi GRENOUILLE. Sa coquille eſt épaiſſe, & garnie d'une lar-ge babine ſur un bord épais. On voit ſur le prémier contour un rang de boſſes elevées & plus bas il y en a encore quelques unes plus petites. Outre cela la coquille eſt un peu ridée. L'embouchure eſt au dedans couleur de chair.

Fig. 3. Cette Figure repreſente une VOILE D'ARTIMON ROUGEA-TRE. Comme nous avons déjà expliqué cette denomination Part. I. Pl. XVIII. fig. 5. nous nous contenterons d'ajouter ici que la préſente voile n'eſt ni ſi haute, ni ſi raboteuſe que l'autre, & qu'elle a auſſi, proportion gardée, une coquille moins épaiſſe. Sa groſſe babine & l'embouchure ſont d'une couleur d'argent brillante.

Fig. 4. On trouve auſſi dans le genre des *Limaçons ailez* une pièce qu'on apelle le LIMAÇON DE CANARIE, tel qu'on le voit dans cette figure. Cette dénomination ne tire nullement ſon origine de la couleur jaune des *Serins de Canarie*, comme quelques uns croient, mais de ce que ce Limaçon

 reſ-

Ex Museo Mülleriano.

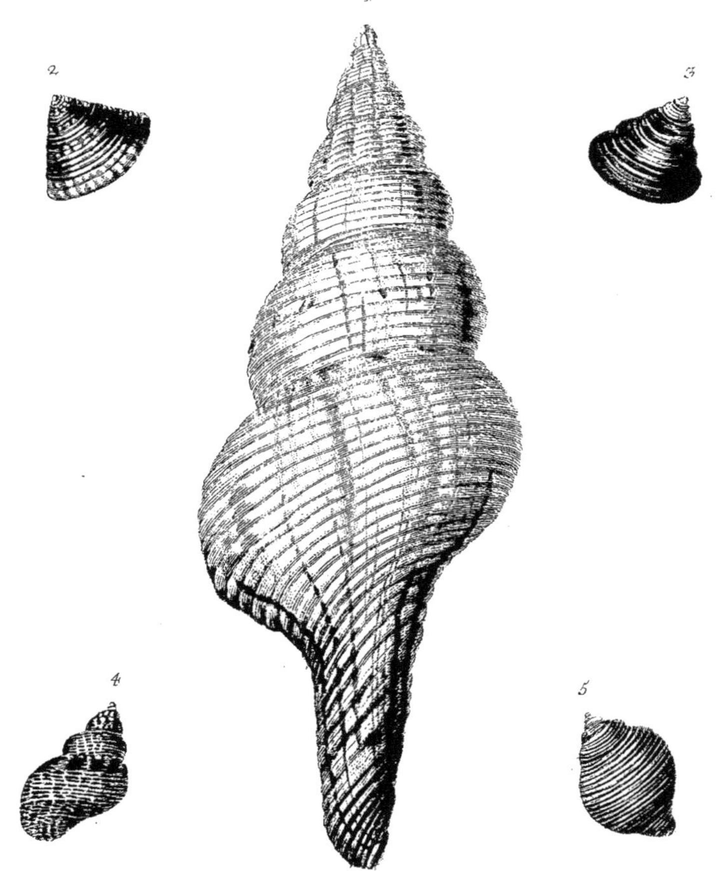

Ex Museo Mulleriano.

J. C. Keller ad nat. pinxit.

Paul. Küffner sculps.

reſſemble ſelon RUMPH à un certain *fruit des Iſles Canaries*, quand il eſt pé-
lé. Comme il y en a pluſieurs eſpèces, on diſtingue celle-ci par le nom
de LIMAÇON DE CANARIE LARGE A BANDES JAUNES. Ces bandes
ſe trouvent ſur un fond blanc & ſont entrecoupées çà & là. L'embouchure
eſt ridée en dedans, & de couleur blanche.

Fig. 5. On doit ranger à la même catégorie le préſent LIMAÇON DE
CANARIE RABOTEUX, dont les contours ſont garnis de noeuds. La couleur au dehors eſt cendrée, mais l'intérieur de l'embouchure eſt noir. C'eſt
de là que vient à cette pièce le nom de petite bouche noire. L'embouchure en eſt auſſi un peu ridée en dedans. Cet animal doit être compté parmi les *Tireurs d'armes* parce qu'il chaſſe également les autres Limaçons. On
trouve ſouvent dans cette coquille un *Cuman* ou *Ecreviſſe*.

PLANCHE XIV. **

Fig. 1. La Figure 1. de la Planche V. ** de la préſente Partie nous a
fourni l'occaſion de décrire le *Fuſeau long & étroit*. Ceci nous met devant
les yeux le FUSEAU LONG ET LARGE. Comme celui-ci eſt ſemblable
à l'autre par ſa ſtructure, nous n'en dirons autre choſe ſi ce n'eſt que ſa
coquille eſt beaucoup plus épaiſſe, & toutes ſes rides plus fortes.

Fig. 2. La TOUPIE ROUGE A BANDES eſt couleur de chair, mais
elle a au fond de chaque contour un bord blanc tacheté de rouge, qui fait
le tour du limaçon en forme de bande. L'embouchure reſſemble à de la
nacre de perle.

Fig. 3. Voici encore une *Toupie* d'une grande beauté. Il eſt preſqu'im-
poſſible d'en décrire la couleur. On n'a qu'à ſe repréſenter un brillant foncé de nacre de perle dans lequel éclatent tour-à tour en forme de flammes
la couleur de feu, le verd de mer, & le bleu céleſte ſur un fond en partie
violet & en partie bleu d'acier bruni (a), ce qui produit à chaque moment
un effèt varié, & ces couleurs ſont les mêmes au dedans de la coquille
comme au dehors.

Fig. 4.

(a) On
apelle en
françois
ce mélange
de cou-
leurs chan-
geantes
*Gorge de
pigeon.*

32

Fig. 4. Ce qu'on voit ici eſt un petit Buccin, qu'on peut apeller à juſte titre le BUCCIN A LIGNES, tous ſes contours étant rayez en travers de quantité de lignes brunes entrecoupées, qui en font le tour ſur un fond gris - cendré. En long ce ſont des ondes brunes qui traverſent les lignes tout autour en deſcendant, & à la partie inférieure des contours la coquille ſe termine d'une manière particulière en un bord blanc tacheté de brun. L'Embouchure eſt blanche.

Fig. 5. Le PETIT PAISAN eſt un Limaçon dont on a vû la deſcription Part. II. Pl. XIV.* fig. 4, 5. où il a été fait mention d'un individu de cette eſpèce uni, & entouré de lignes. Celui - ci eſt de la même ſorte. La couleur du fond eſt blanche tirant ſur le rougeâtre. Les lignes transverſales qui l'entourent ſont d'un brun foncé.

PLANCHE. XV. **

Fig. 1. Cette figure dépeint une *longue oreille marine verte* d'une eſpè- ce particulière très - diférente des *oreilles marines larges* dont il a été parlé dans les deux prémières Parties. Elle a à la verité la même coquille, la même Structure & le même brillant de la nacre, mais elle eſt étroite, & beaucoup plus longue, & l'on y voit joüer une couleur verte qui diſtingue particulièrement cette pièce. Son écorce extérieure, dont elle eſt dépouil- lée dans cette figure, eſt auſſi verdâtre. Des trous que l'on voit à la co- quille, les ſupèrieurs ſont fermez, & les inférieurs ouverts, & nous avons obſervé qu'en général les ſix trous d'en bas ſont toûjours ouverts. Il eſt vrai qu'originairement ils ont été tous ouverts. 'Mais à meſure que l'ani- mal forme un trou nouveau, il en ferme toûjours en haut un des vieux, de ſorte qu'il n'en reſte jamais que ſix d'ouverts.

Fig. 2. Ceci eſt une PETITE TOUR JAUNE FAÇON D'EGUILLE, dont les contours ont quantité de rides qui deſcendent du haut en bas. La couleur tire çà & là ſur le brun-foncé. L'embouchure eſt au dedans blanche & ridée.

Fig. 3. Entre les *Limaçons en Eguille* ou *en poinçon* tels qu'eſt celui - ci on en trouve dont les contours ſont fort entaillez. On leur donne le nom
de

Ex Museo Mulleriano.

J. C. Keller ad nat. pinxit.   Valentin Bischoff sculpsit.

Ex Musco Schadeloockiano.

J. C. Keller ad nat. pinxit.   G. P. Trautner sc.

de *Vis*, qui difèrent des *Strombes* ou *Eguilles*. Comme les contours de celle-ci font garnis de *grains*, on l'apelle LA VIS GRAINEE. Chaque contour a un double rang de ces grains, & il y en a un fimple dans chaque canelure, que les contours forment. La couleur en eft de tout point cendrée.

Fig. 4. Le préfent *Limaçon demi-Lunaire* a des bandes elégantes. Elles font étroites, blanches, & pofées fur un fond jaune tirant fur le brun. Et comme la coquille eft couverte du haut en bas d'ondes brunes foncées, ces ondes traverfent les bandes de façon qu'elles s'y forment en pointe. L'Embouchure eft munie d'un Couvercle plat de couleur blanche, uni & brillant en bas comme de la Porcelaine, mais couvert en haut d'anneaux en demi-Lune & de rides qui vont vers la circonférence. Ce couvercle s'ouvre comme un Battant de Porte, ce qui peut faire nommer cette pièce un LIMAÇON A BATTANT. On obferve un Umbilic à coté de l'Embouchure.

Fig. 5. Nous trouvons enfin ici encore une BOUCHE D'ARGENT VERTE A CÔTES, qui apartient aux *Coquilles en Lune*. La Coquille en eft verdâtre & blanche, marbrée ou flammée d'un brun foncé. Les Contours font garnis de plufieurs côtes qui les environnent en travers, entre lesquelles il y a toûjours un rang de petits noeuds, ou de petits grains de façon que cette pièce eft en même temps grainée & à côtes. L'Embouchure a au dedans un très-beau brillant de nacre de couleur argentine.

PLANCHE XVI.**

Fig. 1. D'après quantité d'Obfervations que nous avons faites fur la ftructure des Limaçons nous nous fommes convaincus que ce qu'on apelle les *Limaçons ailez*, dont l'Embouchure fe termine en un lambeau, n'ont pas eû toujours ce lambeau à l'embouchure depuis leur prémiere jeuneffe, mais que plufieurs Individus de cette efpèce ne prennent ce lambeau, ou ce large bord avancé de l'embouchure, qu'après que le Limaçon eft parvenu à un certain age, ce Lambeau faifant pour ainfi dire la Clôture du bâtiment, & de l'Architecture des contours. Nous rangeons dans cette efpèce du genre des Limaçons à Aiguillons principalement les *Culotes de Suiffe*, lesquelles n'ayant dans leurs prémières années point de bord à l'embouchure ne laiffent pas de devenir avec le tems de gros & larges *Limaçons à lambeau*, de forte

Troifième Partie.　　　　　E　　　　　que,

que, felon nous, on devroit les placer parmi les *ailez*, & non parmi les *Limaçons à aiguillons*, quoiqu'ils n'ayent pas encore le lambeau lorsqu'on les trouve, tout comme RUMPH ne fait aucun fcrupule de mettre les *Moignons* au rang des *Harpons de Nacelle*.

La figure nous produit un Limaçon connu fous le nom de LIMAÇON JAUNE A LAMBEAU, quoiqu'il ne foit pas toûjours pourvû du lambeau, Sa Structure reffemble parfaitement à celle des *Culotes de Suiffe dentées*. Ce qui en difère ici, c'eft qu'à celui-ci qui n'eft qu'une fous-efpèce, & qui a outre cela une furcroiffance, l'embouchure fe termine en un lambeau, lequel fans avancer beaucoup n'en eft pas moins épais & élevé & dailleurs plus gros & plus péfant que tout le refte de la coquille. La couleur en eft un rouge jaunâtre, cependant les contours fupèrieurs font le plus fouvent blanchâtres. La coquille eft unie & brillante, cependant de façon qu'on y aperçoit diftinctément les rayes, où l'animal a toûjours continué fon bâtiment. L'embouchure eft blanche, & tachetée de noir vers fon bord extèrieur.

Fig. 2. Que de certains Genres fe transforment quelquefois, & prennent fucceffivement la forme, qui caractérife un autre Genre, c'eft une Obfervation, dont il a fouvent été fait mention dans le préfent ouvrage. Mais comme la Nature n'opère jamais par bonds, & qu'elle procède par degrez dans toutes fes productions, il refulte de là que les Limaçons, qui paffent d'un Genre à un autre, ont déjà quelque conformité entre eux, même dans le tems où leur Structure femble avoir le moins de convenance. C'eft dequoi les Cornets & les Rouleaux fourniffent un exemple. Ces deux Genres fe reffemblent en ce que les Coquilles de l'un & de l'autre font longues & étroites, larges en haut, fe terminant en pointe, pourvûës d'une embouchure longue & étroite. Il s'en trouve cependant dans les Variations qu'on ne peut nommer ni Cornets ni Rouleaux, ce qui eft caufe que ces pièces équivoques font rangées dans un genre par un Ecrivain, & par un autre dans un autre. La préfente Figure produit un de ces Limaçons de conformation équivoque qu'on apelle le ROULEAU DE MARBRE. Il eft fait en quelque forte comme un Cone ventru, ou comme un Barroir de Tonnelier obtus. Deux raifons doivent le faire placer préfèrablement parmi les *Rouleaux*. La prémière eft qu'en bas le dedans de l'embouchure eft garni

de

de quelques côtes élevées, ce qui ſe rencontre toûjours aux rouleaux, & jamais aux cones ; l'autre c'eſt que l'embouchure eſt entaillée tout-à-fait en bas à la pointe, caraƈtère qu'on ne remarque jamais aux cones, mais qui paroit toûjours aux rouleaux, & cela même trés - diſtinƈtément. Quant à la cou‑ leur elle eſt marbrée de bleu, de blanc, de brun, de noirâtre, ou de brun - foncé, quelquefois un peu luſtrée de verd. Il eſt plus facile de di‑ ſtinguer les deſſeins de cette marbrûre à la figure même, que de la décrire, d'autant plus qu'il y a toûjours à cet égard quelque diférence à chaque In‑ dividu.

Fig. 3· On doit mettre au méme rang un autre R O U L E A U d e M A R B R E que la préſente figure dépeint. La Struƈture en eſt la même qu'au précè‑ dent, mais il en difère beaucoup relativement aux couleurs & aux deſſeins, en particulier par un trés - grand nombre de lignes transverſales fines poſées à diſtance égale l'une de l'autre ſur la peau de la coquille.

Fig. 4. Il faut aſſocier à la Culote de Suiſſe dentée une certaine eſpèce bigarrée qu'on nomme la C O R N E F R A N Ç O I S E, ou la C O R N E C O U R O N N E R, ou le C H A M E A U M A R B R E. La Struƈture en eſt la même qu'à la Culote de Suiſſe, mais ici les Contours s'élevent un peu plus à la façon des Tours, & les dents ou petits Crocs ſont moins longs, & placez plus près l'un de l'autre qu'à la Culote. Ce qui diſtingue le plus cette pièce ce ſont les cou‑ leurs & les deſſeins, où l'on voit une Marbrûre mêlée de brun‑foncé, de blanc & de bleuâtre. Quelquefois les taches en ſont un peu plus grandes & Plus jaunâtres aux unes qu'aux autres.

Fig. 5. Au prémier coup d'oeil on voit que cette coquille apartient a l'eſpèce des *Eguilles*, ou des *Vis*. Mais comme au haut des contours elle eſt munie de tous côtez d'un rang de crocs aigus & fort élevez on l'apelle la V I S A B O S S E S, O U R A B O T E V S E. Quelques Curieux la nomment auſſi l'O S D U B E C G A R N I D'E P I N E S, oú le B E C D U C O R B E A U. Le fond de la couleur eſt un blanc jaunâtre couvert çà & là de groſſes taches, en par‑ tie noires & en partie bleuâtres, entre lesquelles on aperçoit une grande quantiré de petits points bruns. L'embouchure ſe termine en un bec courbe retrouſſé.

E 2

PLAN-

36

PLANCHE. XVII.**

Fig. 1. LE 'LIMAÇON A LAMBEAU DES INDES OCCIDENTALES
GARNI DE BOSSE S, qu'on voit ici, eft une pièce qu'on ne trouve que rarement dans toute fa beauté. Cette coquille n'eft pas fort épaiffe & par
conféquent affez légère à proportion de fa grandeur. Elle eft au refte
blanche comme neige, & n'eft décorée que de deux bandes couleur de
rofe, ou de fleur de pomme, dont l'une paffe en travers fur les boffes, &
l'autre en fait le tour en bas. L'embouchure en eft rougeâtre, du moins
d'un côté. On remarque auffi fur la coquille quelques lignes brunettes, ou
de couleur obscure. Ce qu'on voit de jaune çà & là fur le fond blanc
n'eft qu'un refte de la prémière peau, qu'on ne peut jamais lever entièrement, quelque moyen que l'on employe, à moins qu'on ne veuille émoudre
& polir toute la coquille. Le lambeau de l'embouchure s'avance tout feul,
& eft fort large, ce qui élargit confidérablement l'embouchure même. Les
crocs des contours font cavez en dedans.

Fig. 2. Les Rouleaux font ou courts & larges, auquel cas on les
apelle proprement *Dattes* ou *Olives*, ou ils font oblongs & étroits,
& alors on leur donne particulièrement le nom de *Rouleaux*. Mais ce nom
eft accompagné auffi felon les Variations de diférentes Epitètes. Ainfi l'on
a des *Rouleaux* de *Porphyre*, d'*Agate*, de *Marbre* &c. Les uns font à bandes, d'autres en font privez. Quelques uns font remarquables par leur couleur, par la beauté dés deffeins, ou par une embouchure colorée d'une
façon particuliére, comme par exemple de bleu, de jaune, de blanc, de
rouge, de pourpre, &c. Celui que l'on voit ici eft le LONG ROULEAU
MARBRE DE COULEUR JAUNE, & femblable par fa Structure aux autres de
la même Claffe.

Fig. 3. Nous voyons ici la DATTE BRUNE A BANDES, diférente d'une
autre Datte brune, qu'on apelle la *féve de café*. Cette couleur brune eft
tantôt foncée & presque noire, tantôt claire & presque jaune. La bande
du milieu en fait la décoration la plus rare. Une bande pareille enjolive le
prémier contour. L'embouchure en eft toûjours blanche.

Fig.

Ex Museo Schadeloockiano.

J. C. Keller ad nat. pinxit.

G. P. Trautner sc.

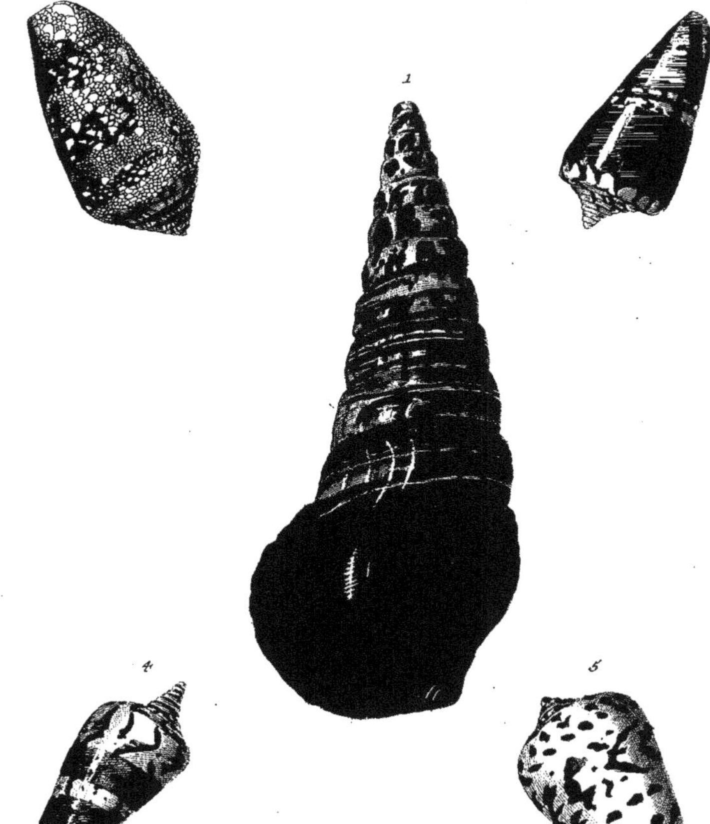

Ex Museo Schadeloockiano.

37

Fig. 4. Les Cornets qu'on défigne par les noms de *Couſſin à dentelles,* *Amiral des Indes occidentales*, & *Cornet au fromage verd*, font des pièces qui fe reſſemblent aſſez, relativement au deſſein en général, & à la conformation de la coquille. On a produit dans cet ouvrage pluſieurs Individus mignons de cette eſpèce: (Voyez entre autres Part. I. Pl. VII. fig. 3. & Part. II. Pl. V.* fig. 3.) Cependant comme il fe rencontre dans la même eſpèce de grandes variations on a crû devoir offrir dans cette troiſième Partie aux yeux du Lecteur pluſieurs de ces pièces élègamment variées, d'autant plus que les Curieux tiennent la multiplicité des Cones à bandes pour la plus grande parure de leurs cabinets. Le COUSSIN A BANDES BRUN dépeint dans la figure, a trois bandes blanches qui l'ornent en haut, en bas, & au milieu & font marquées de flammes brunes. Le reſte du fond eſt brunfoncé.

Fig. 5. On range dans la même eſpèce le CONE A BANDES DES INDES OCCIDENTALES qui fe préſente ici. Il difère pourtant du précèdent, en ce que fon fond eſt blanc, garni de flammes brunes, & que les deux bandes larges qui le décorent font d'un brun-foncé. Les contours aboutiſſent en bas en une pointe aigue.

PLANCHE XVIII. **

Fig. 1. Une des plus grandes pièces qu'on trouve dans l'Eſpèce principale des Eguilles, c'eſt celle-ci fans contredit. On la nomme l'EGUILLE DE MARAIS, ou la COURONNE PAPALE BATARDE DES INDES OCCIDENTALES. Quelques Auteurs, eû égard à fa patrie, l'apellent le POINCON DE CERAM, parcequ'on la trouve aux côtes de l'Ile de *Ceram* aux *Indes orientales.* On la trouve auſſi aux Iles de *Boero* & de *Celebes* dans les buiſſons marécageux du *Sagor* (a), où on les cherche foigneuſement, parceque l'animal eſt bon à manger.

Cette Eguille difère au reſte aſſez des autres, tant par fa largeur extraordinaire, que par fa vaſte embouchure, qui eſt munie d'un bord, & outre cela d'un couvercle, fans compter que fa pointe fe trouve rarement entière, mais ordinairement comme rompuë. En général fa coquille paroit fangeuſe, & a des couleurs entremêlées. Le contour inſèrieur eſt le plus

(a) *Sagor,* *Sajoa, Sagu,* *Sego, Zagoa,* *Sagdu,* grande herbe femblable aux feuilles de Palmier qui croit aux Moluques. Elle porte au fommet une tête ronde com-

E 3

me un clou, au milieu de laquelle on trouve une efpèce de farine, dont les habitans font du pain & les Européens d'excellentes foupes.

grand, & d'un brun qui tire fur le noir. Il eft ftrié de lignes fines en travers à diftance égale, & un peu entaillé en haut, ce qui fait comparer cette pièce à la *couronne papale*. Les autres contours font de couleur mêlée, blanche, noire, brune, & jaune, & la pointe eft blanche & tachetée de verd, ou pour mieux dire, elle femble gâtée par l'air, & être couverte de vafe.

Fig. 2. Ce qui fe préfente ici eft la BRUNETTE A BANDES. C'eft un Cone ventru à contours avancez, & à coquille épaiffe. Le fond, qui eft un brun-clair, eft couvert d'une infinité de taches blanches formées en coeur. Trois larges bandes d'un brun-foncé, garnies de taches en coeur plus grandes que les autres, environnent le prémier contour.

Fig. 3. Nous avons vû fur la Planche précèdente fig. 4. un *Couffin à dentelles brun*. Voici une coquille tout-à-fait femblable, ne difèrant de la précèdente que par la couleur d'orange qu'a celle-ci. Et peut-être cette diférence ne provient-elle que de ce que la dernière à été plus émouluë.

Fig. 4. Il en eft de même de ce Limaçon-ci relativement à la couleur, puisque nous avons vû à la fig. 5. de la Planche précèdente un Cone des *Indes occidentales* à bandes brunes, & que nous voyons ici la même coquille *façon d'Amiral* à bandes jaunes.

Fig. 5. L'on tire de la même plage de la Mer d'*Amérique*, fçavoir des *Iles Antilles* & du Golfe du *Mexique* cette Coquille-ci qu'on apelle le CORNET AUX LETTRES. On y obferve fur un fond blanc plufieurs rangs de points & taches jaunes, qui vont toutes en travers, & font placées alternativement, c'eft-à-dire qu'il y a dabord en haut deux rangs de points, & enfuite un rang de taches, puis derechef un rang de points & ainfi de fuite. Cependant cet ordre n'eft pas obfervé ainfi fur toutes les coquilles, car on en trouve qui ont plus ou moins de rangs, de points, de taches, & de lignes. Cela peut auffi provenir de ce qu'une coquille a été plus ou moins émoulue, ce qui produit de même une diférence dans les couleurs, puisque celles qu'on a émouluës le moins font d'un brun-foncé, & qu'elles ont le plus de points, de lignes, & de taches. Nous ne prétendons cependant pas nier qu'il ne puiffe y avoir quelque diférence dans les efpèces.

PLAN-

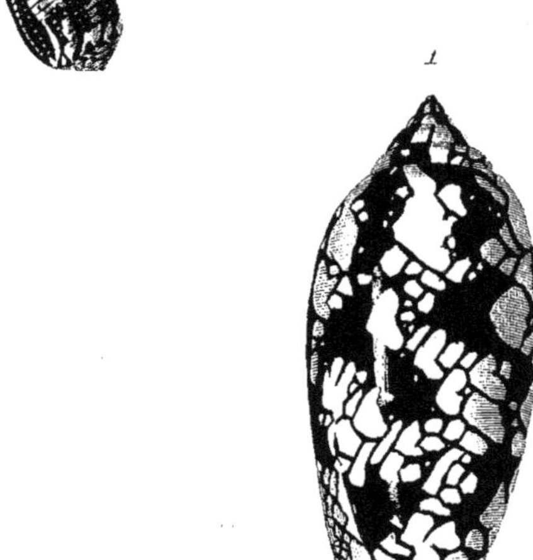

Ex Museo Schadeloockiano.

J. C. Keller ad nat. pinxit.   Herm. Jac. Tyroff sculps.

PLANCHE. XIX.**

Fig. 1. Le préſent Limaçon porte pluſieurs noms. Celui qui lui eſt le plus propre eſt LA VERITABLE BRUNETTE , ou le CORNET JAUNE A RETS; les Hollandois lui donnent celui de *Corne jaune à rêts* , parce que le mot de *Corne*, dont les Hollandois ſe ſervent pour exprimer un Limaçon , indique en gènèral un corps de figure torſe, ce qui convient parfaitement à celle des Limaçons, dont les chambres ſont diſpoſées en ligne ſpirale. Des autres noms qu'on donne à cette pièce nous n'en alleguerons que deux, qui ſont la *Dame bigarrée* , & le *Cornet de Porphyre*. Sa Structure a au reſte beaucoup plus de raport à celle des Rouleaux qu'à celle des Cones. Elle eſt d'un brun jaunâtre, parſemée de taches en forme de coeur, blanches comme de la neige , & brille comme de l'Agate.

Fig. 2. On tire auſſi des *Indes occidentales* une eſpèce de petits Cones entourez de lignes fines , ſur lesquelles ſont poſez de petits grains élevez. Ces piéces , comme on le voit à la figure, ſont munies d'une peau brune, qui couvre une coquille rougeâtre. Les contours ſupèrieurs ſont échancrez de tous côtez, ce qui donne à la coquille un air couronné. On la met au rang des BARROIRS DE TONNELIER COURTS.

Fig. 3. On diviſe, à l'exemple des Porcelaines , les Rouleaux le plus convenablement en *grands* & *petits*. Le nombre des derniers eſt ſi grand, que malgré la varieté qui y regne , on les comprend encore tous ſous une dénomination génèrale, parcequ'on n'a pas encore affecté des noms particuliers à chaque eſpéce. On nomme cependant le petit Rouleau que nôtre figure reprèſente le CHARBON ARDENT. La coquille en eſt unie & brillante. Sa couleur eſt blanche au fond , parſemée çà & là de points & de petites taches bleuës; Une large bande en entoure la partie ſupèrieure. Tous les Individus de ce petit Rouleau ne ſont pas de couleur égale. Car il y en a où les taches & la bande ſont brunes, jaunes, ou noires. Quelquefois on y trouve deux bandes au lieu d'une. On en voit auſſi qui ſont blanches comme neige. Mais toutes ces Variations ne ſont que des jeux de la nature, qui ne ſufiſent pas pour conſtituer une eſpèce.

Fig.

Fig. 4. Nous avons expliqué dans les parties précèdentes ce que c'eſt que les *Barroirs de Tonnelier grainez*. Ainſi pour ne tomber dans aucune re. pet tion inutile, nous nous contenterons de dire que la pièce dépeinte dans nôtre figure porte le nom de LONG BARROIR DB TONNELIER GRAINE. Les grains en ſont élevez, & la couleur blanche ſur laquelle on voit des taches brunes de couleur ternie.

Fig. ſ. La *Vis de Tambour longue & étroite* a été repréſentée & décrite cy - deſſus Part. I. Pl. VIII. fig. 6. En voici encore une du Genre des Eguil-les qu'on peut aſſocier à celle - là. On l'apelle la VIS DE TAMBOUR LAR-GE ET COURTE. Ses Canelures autour des contours ne ſont à beaucoup près ni ſi nombreuſes ni ſi profondes que celles de l'autre, & elle en difère auſſi par un bourrelet élevé qu'on aperçoit au milieu de chaque contour. Les couleurs qui la diſtinguent ſont le jaune tirant ſur le brun, le gris de cendre, & le blanc.

PLANCHE XX. **

Fig. 1. Le Genre des Limaçons en Lune, ou Coquilles Lunaires, eſt très-riche en diférentes eſpèces diſtinguées entre elles d'une façon remarquable par la variété de leur Structure. On en trouve de rares dans cette quanti-té. Telle eſt celle-ci qu'on nomme la COQUILLE LUNAIRE NOUEUSE DB NACRE DE PERLE. Elle a ſur ſes contours diverſes côtes transverſales, cou-pées tout le long par quantité de rides, qui paſſent dans les canelures d'une côte à l'autre. Les deux côtes d'en haut ſont garnies chacune d'un rang de noeuds, dont le rang ſupérieur conſiſte en groſſes élevations & l'inférieur en petits noeuds. Toute la coquille eſt couverte d'une écorce rude, velou-tée, & de couleur brune, tirant ſur le rougeâtre, à travers laquelle on aperçoit de toutes parts le brillant de la nacre. Au dedans on voit un brillant argentin, qui le dispute en beauté à la plus belle nacre, où les cou-leurs de l'arc-en-ciel, en particulier le bleu & le verd, jouent avec éclat. Cette pièce vient des *Antilles*.

Fig. 2. Nous avons parlé dans la prémière, & dans cette troiſième Par-tie d'une *Voile d'artimon*, & nous avons expliqué en même tems la raiſon de cette dénomination. On peut lui aſſocier une Sous-eſpèce dont les

con-

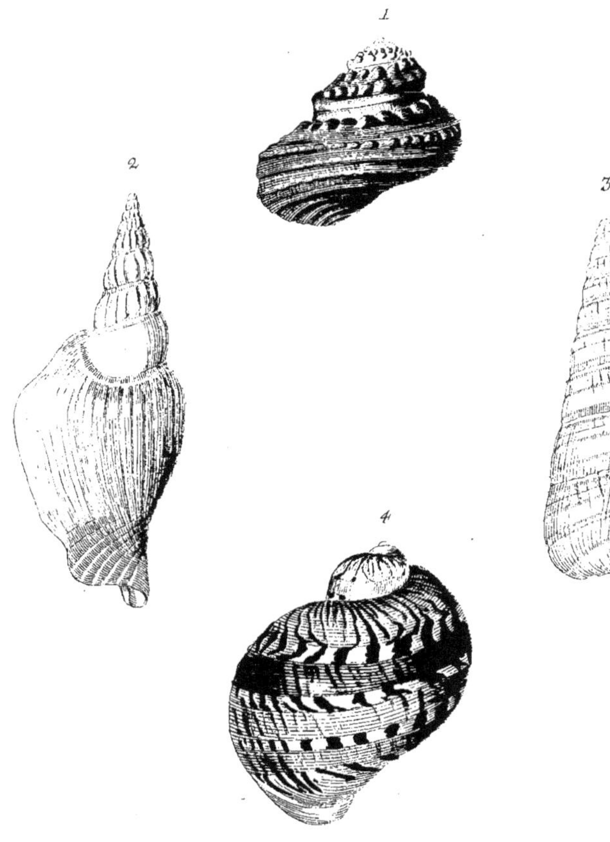

Ex Museo Schadeloockiano.

J.C. Keller ad nat: pinxit.

Val. Bischoff sculps.

1

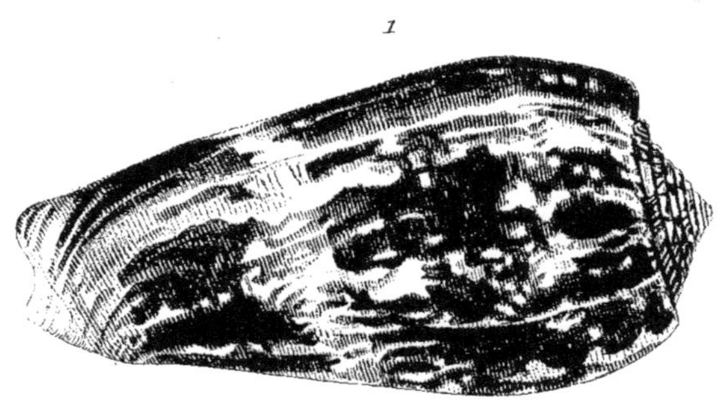

2

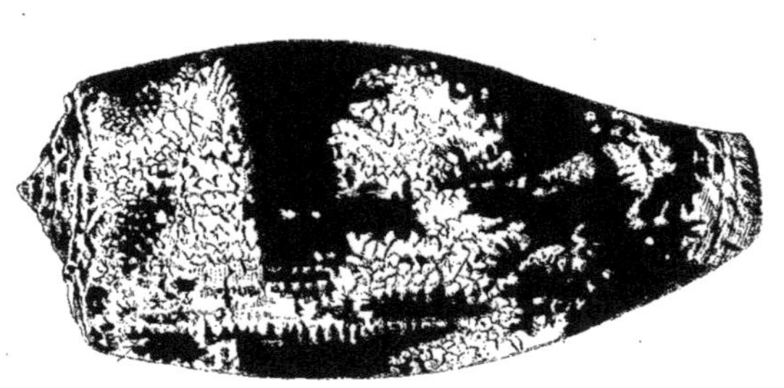

Ex Museo Schadeloockiano.

J. C. Keller ad nat: pinxit: G. P. Trautner sculpsit:

contours fe terminent en une longue pointe à la façon des Eguilles, & dont le lambeau qui tient à l'embouchure n'eft pas fort large, à proportion de fa longueur, comme cela fe voit à la figure. On apelle cette VOILE D'AR-TIMON la ROULEE, ou la RETROUSSEE. Cette coquille eft jaunâtre au dehors, blanche au dedans, & le lambeau de l'embouchure mince, au lieu que l'autre Voile d'artimon eft de coquille épaiffe, & que le bord de fon embouchure fe termine en un gros bourrelet.

Fig. 3. On a parmi les Buccins une efpèce à coquille mince qu'on apelle *Buccins règlés*, ou *marqués de lignes*. Cette efpèce eft fujette à tant de variations, à l'égard de la longueur & de la largeur des pièces, qu'on en trouve même qui ne peuvent plus être mifes au rang des buccins, & qu'on fe trouve obligé de placer parmi les Eguilles, tant elles font longues & étroites. C'eft à cette catégorie qu'apartient celle-ci, qu'on apelle l'EGUIL-LE REGLE'E, OU A LIGNES. La coquille eft d'un blanc fale, marquée de lignes jaunes, qui environnent les contours.

Fig. 4. Il fe préfente ici un Limaçon à lambeau à bandes qu'on n'a qu'à comparer à celui que nous avons décrit Pl. XV. ** fig. 4. pour fe convain-cre que ceci n'en eft qu'une plus grande efpèce, avec quelque petite di-férence dans le deffein. Le refte répond parfaitement à la defcription que nous avons donnée de l'autre.

PLANCHE XXI. **

Fig. 1. Quoique bien des Ecrivains placent le Limaçon dépeint dans cet-te figure parmi les cones ventrus, nous croions néanmoins qu'on doit le ranger plûtôt au nombre des Rouleaux. Où qu'il plaife aux curieux de le placer, nous conviendrons de bonne foi que fa figure équivoque peut le faire affocier indiféremment aux *Nacelles* comme aux *Augèts*. De fait quel-ques Auteurs l'apellent l'*Auget d'Agate*. Son nom le plus génèralement con-nu eft le GRAND AUGET A NUAGES. Nous avons déjà expliqué ce que fignifie le mot d'*Auget* dans la feconde Partie, Pl. IV. * fig. 1. Ce qui nous empèche de l'agréger aux nacelles, (a) c'eft qu'elle eft péfante, & que fa (a) *Cymbia.* coquille eft épaiffe. On peut lui affigner une place intermédiaire entre les *Cylindres* & les *Rouleaux*. Le fond en eft couleur de fleur de pomme, &

Troifième Partie.   F   le

42

le brun dont elle eſt marquée conſiſte en une infinité de lignes transverſales,
qui ſemblent avoir été tirées à la règle l'une ſous l'autre.   L'embouchure eſt
blanche comme neige.

Fig. 2. Ce limaçon-ci eſt d'une qualité toute diférente quoiqu'au prémier coup d'oeil on pourroit le prendre pour être d'une eſpéce ſemblable.
Sa coquille eſt extrèmement mince & legère, & ſon embouchure beaucoup
plus étenduë, deux qualitez qui ſufiſent pour le faire placer ſans balancer
parmi les *Cymbia*, ou *Nacelles.*   Outre cela les contours ſont entaillez en haut,
ce qui fait appeller cette pièce la CORNE A NUAGES COURONNE'E, ou
l'AUGET COURONNE'.   Elle a des taches brunes & de petits nuages ſur un
fond blanc tirant ſur le rougeâtre.   Les deſſeins qui la parent lui font auſſi
donner le nom de BROCARD.

PLANCHE XXII. **

Fig. 1. On voit dans cette figure un Cone qui reſſemble à de la cire
d'un jaune pâle.   On l'apelle le FLAMBEAU DE MER, ou la BOUGIE.
Il eſt tout d'une couleur juſques à la pointe qui eſt couverte d'un beau violet, ce qui lui donne quelque reſſemblance avec une Bougie allumée.
Quelquefois on l'apelle auſſi le CORNET DES MENNONITES eû égard
à ſa netteté, & à ce qu'il a de mignon.   Il y en a une autre eſpèce , qui
cache encore ſous une écorce grainée deux bandes bleuës ou violettes, qui
paroiſſent quand on polit la coquille, comme nous en avons vû une pareille Part. II. Pl. XXIV. * fig. 4. où l'on peut auſſi en lire la deſcription.

Fig. 2. Les *Baliſes*, ou *Tonnes de mer*, ou les *Teleſcopes*, ſont ſans contredit les coquilles les plus rares dans le genre des Toupies, & nous nous
faiſons un plaiſir d'en communiquer ici au Lecteur deux diférentes , qui
apartiennent à la Claſſe des *Tonnes.*   Ce n'eſt ſans doute que parcequelles
ſont courtes & larges qu'on les met au nombre des Toupies; car ſi elles
étoient longues & étroites, rien n'empêcheroit de les ranger parmi les Eguilles, auquel cas celle-ci pourroit repréſenter un *Tambour*, & l'autre un
Poinçon.   Mais comme tel Lecteur pourroit avoir de la peine à reconoître
dans ces coquilles la figure d'une Tonne, il ne ſera pas hors de propos d'expliquer cette dénomination.

Les

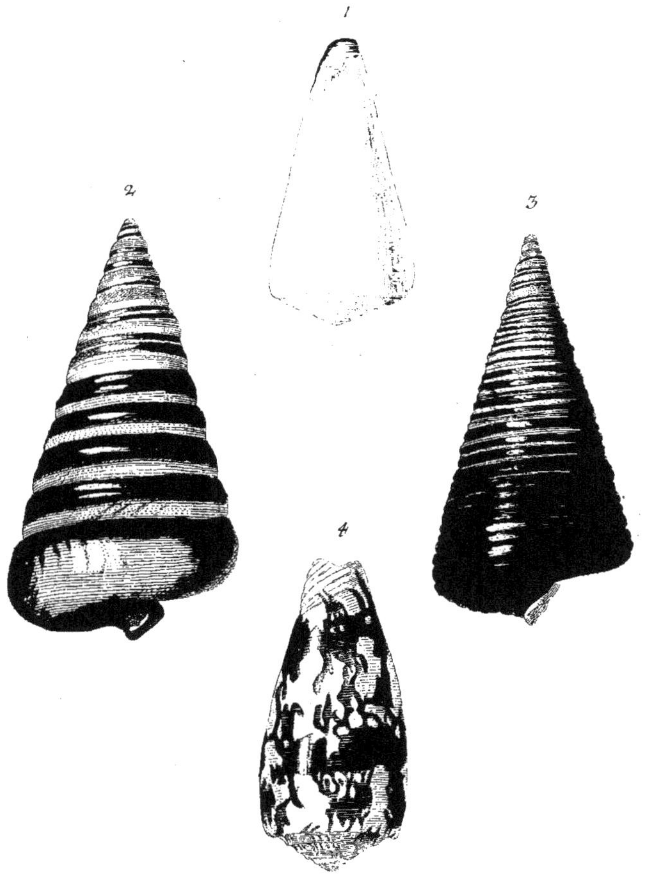

Ex Museo Schadeloockiano.

J. C. Keller ad nat. pinxit.   Val. Bischoff sc.

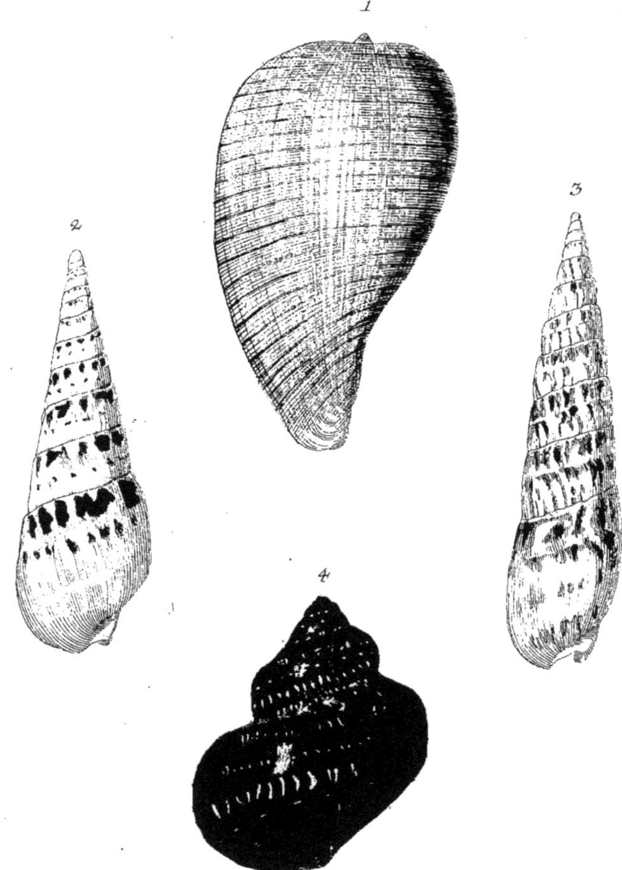

Ex Museo Schadeloockiano.

J. C. Keller ad nat. pinxit. Pal. Bischoff sculps.

Les *Hollandois* ont coûtume de placer dans la mer au deſſus des bancs
de ſable, dont les Nautonniers doivent ſe garder, des tonnes larges par le
haut, pointues en bas, qu'on attache par le bout pointu au banc, au moyen
d'une chaine & d'une ancre, de ſorte que le côté large de la tonne, qui
eſt ordinairement teint en blanc ou en noir, ſurnage, & paroit aux yeux des
Nautonniers, qui reconoiſſent à ce ſignal quand ils ſont près d'un banc de
ſable. Ces *Tonnes* ſont garnies de cercles de fer épais, & poiſſées de gau-
dron. Cette deſcription fait ſufiſamment conoître la reſſemblance qu'il y a
entre ces Tonnes & la figure des Toupies.

Quoique les Coquilles, qu'on apelle proprement *Tonnes de mer* ſoient
plus longues & plus étroites, & qu'elles ſoient garnies auſſi de quantité de
cercles étroits; nous ne trouvons cependant aucune difficulté à déſigner
cette Toupie, qu'on apelle auſſi ʟᴀ ɢʀᴀɴᴅᴇ ᴘɪʀᴀᴍɪᴅᴇ, par le nom de
ᴛᴏɴɴᴇ ᴅᴇ ᴍᴇʀ ʙᴀᴛᴀʀᴅᴇ. Les contours, qui s'élèvent en piramide
ſont un peu ventrus, la couleur en eſt brune & blanche, & la coquille qui
en eſt couverte eſt une façon de nacre.

Fig. 3. Ceci eſt la véritable ᴛᴏɴɴᴇ ᴅᴇ ᴍᴇʀ. Les contours en ſont
environnez de cercles bruns élevez, entre lesquels on voit paroître la coquille blanchâtre. Le fond en eſt abſolument brun, ſur lequel on aperçoit
pluſieurs anneaux enfoncez, qui s'entourent l'un l'autre en ligne ſpirale.
Il y en a qui ſont plus longues & plus étroites. Elles viennent des *Indes
orientales.* On ne les trouve pas en quantité.

Fig. 4. Au lieu de faire ici une deſcription du préſent ᴀᴜɢᴇᴛ ᴀ̀ ɴᴜᴀ-
ɢᴇs, qui ne ſeroit qu'une repetition, nous renvoyons le Lecteur à ce que
nous avons dit ſur la prémière figure de la Planche qui precède immèdia-
tement celle-ci, nous contentant de faire obſerver que cet individu-ci difère un peu du précèdent par les deſſeins dont il eſt marqué. En génèral
on trouveroit dificilement deux pièces abſolument pareilles, relativement
aux deſſeins.

PLANCHE. XXIII. **

Fig. 1. ʟᴀ ʟᴏɴɢᴜᴇ ꜰɪɢᴜᴇ ᴅᴇs ɪɴᴅᴇs ᴏᴄᴄɪᴅᴇɴᴛᴀʟᴇs, qui paroit dans cette figure, ſe range parmi les coquilles en grelot; parceque ſa

coquille eſt mince, que ſes contours ſont ventrus, & qu'elle a une embouchure large, qui ſe termine en un bec long un peu recourbé. Elle difere
de la *Bouteille*, de la *Rave*, & de la *Figue d'Eſpagne*, laquelle dernière vient
des *Indes orientales* & eſt marquée de taches bigarrées. Sa Structure eſt remarquable, & il y en a rarement de pareille. Toute la coquille eſt garnie à diſtance égale de pluſieurs côtes transverſales à travers desquelles paſſent quantité
de lignes exhauſſées, placées fort près l'une de l'autre, ce qui donne à la
ſuperficie entière de la coquille l'air d'un Grillage fin. Les autres coûtures,
qui paroiſſent ſur les deſſeins, marquent ſimplement les endroits où l'animal
a ajouté à ſa coquille & l'a étendue. Les contours ſont un peu enfoncez en
haut, où l'on ne voit paroître que le prémier, qui ſe termine en une petite pointe. La couleur en eſt au dedans & au dehors blanche, & d'un gris-
jaunâtre. Cette pièce ſe trouve aux *Antilles*.

Fig. 2. Cette coquille, qui eſt la GRANDE EGUILLE MARINE, porte
auſſi le nom GROSSE JAMBE de TIGRE pour la diſtinguer de la *Jambe de
Tigre mince*, qui a été décrite Part. I. Pl. XXIII. fig. 4. On aperçoit au haut
de chaque contour un rang de groſſes taches brunes au deſſous desquelles il y a en ligne parallèle un autre rang de taches plus petites. La coquille eſt aſſez forte, & d'un blanc jaunàtre.

Fig. 3. Ceci eſt une Sous-eſpèce de *l'Eguille* dont nous venons de parler. Ses taches ſont d'un deſſein un peu varié & profondément cachées ſous
une peau épaiſſe.

Fig. 4. Nous avons déjà produit & décrit tant de *Naſſau*, que noùs ne
dirons rien de la coquille de même eſpèce, qui ſe préſente ici, ſi ce n'eſt
qu'elle eſt de couleur brune tirant ſur le rouge, & garnie de bandes noires. Ces bandes ſont tantôt larges tantôt étroites tour-à-tour, & élègamment garnies de taches jaunes tirant ſur le blanchâtre, ou de rayes pendan-
tes du haut en bas. Il faut convenir en géneral que ſur les *Naſſau* la varieté des deſſeins eſt infinie.

PLANCHE XXIV. **

Fig. 1. On apelle *Doublets de Corail* une certaine eſpèce de Moules en
peigne à oreilles inégales, qui portent ſur leurs côtes élevées & finement ra-
yées

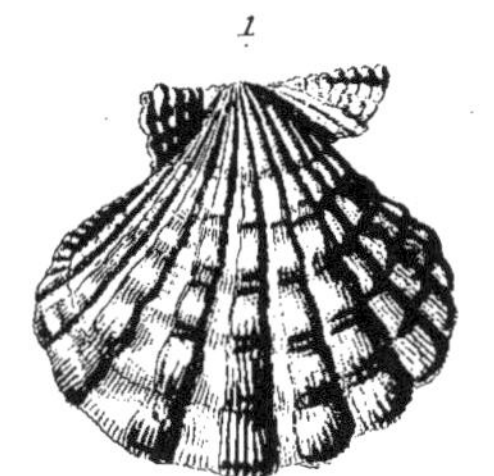

Ex Museo Schadeloockiano.

I. C. Keller ad nat. pinxit.

G. P. Trautner sculpsit.

yées tout du long diverſes groſſes boſſes. La raiſon de cette dénomination ne git pas tant dans les noeuds qu'on voit ſur cette coquille, comme ſi on avoit voulu déſigner par ce nom un Corail noueux, que dans la couleur rouge exhauſſée, par où ces Moules reſſemblent au Corail. Cependant on doit ſavoir que toutes les Moules de ce genre n'ont pas le rouge du Corail. Car on en trouve auſſi qui ſont jaunes de citron, couleur d'orange, griſes, pâles, & même de blanches comme neige. Celle-ci, dont nôtre figure ne depeint que le déhors, eſt blanchâtre. On y remarque pourtant cà & là entre les ſtries une couleur rouge ternie. Soit que la nature ne l'ait pas aſſez travaillée, ſoit que cette pièce ait ſoufert entre les mains de ceux qui l'ont nettoyée, il n'en eſt pas moins certain que les boſſes ſur les côtes & les rayes aux oreilles n'ont d'autre origine que l'accroiſſement de la coquille.

Fig. 2. LES HUITRES ORDINAIRES, qu'on conoit en tout païs, ne ſont regardées que comme des Moules très-communes. Cependant on ne doit pas les exclure abſolument & indiſtinctément d'une Collection de coquilles, non ſeulement parceque ce ſont réellement des coquilles, mais auſſi parce qu'on trouve dans ce genre des eſpèces trés-belles, qui par leur beauté ſeule méritent place dans un cabinet. Car le Genre entier des Huitres ordinaires renferme une très-grande quantité d'eſpèces variées entr'elles ſoit par leur Structure, ſoit par leur couleur, ſoit par leur patrie. La Structure eſt diverſifiée en pluſieurs façons. On en a à bec pointu, d'autres l'ont large ; les unes ont la coquille épaiſſe d'autres l'ont fort mince ; les unes ſont de figure oblongue, & leur bec eſt placé à l'un des bouts, d'autres ſont rondes ; d'autres encore forment un quarré, & quelques unes ſont faites en rhombe oblique. A quelques unes la coquille eſt presqu'unie, à d'autres elle eſt feuilletée, ſur d'autres on voit des côtes regulièrement rangées, & ſur d'autres on ne voit que des rides. Et toutes ces diféren-ces ne ſont pas de ſimples variations, car elles indiquent autant d'eſpèces réellement diverſes, ce qu'on peut diſtinguer même au goût des animaux qui habitent ces coquilles. Quant à la couleur, on en trouve de griſes, de blanches, de rougeâtres, de vertes, de noires, de mouchetées, de bleues, de façons de nacre & de bigarrées. Nous ne prétendons pas juſtement ſoutenir que ces couleurs diférentes indiquent autant d'eſpèces diverſes. Car on peut

F 3

ren-

46

rencontrer diférentes couleurs dans la méme efpèce, & cela ne doit pas furprendre, parceque quoique les couleurs foient toûjours formées par le fuc de l'animal, la moindre diférence dans l'operation peut produire des couleurs variées au dehors. Il en eft comme des hommes, qui ont le teint tan. tôt noirâtre, tantôt jaunâtre, tantôt pale, parceque le fang n'a pas le même dé. gré de couleur rouge dans tous les individus. Quelle variété de couleurs ne trouve - t - on pas fur les vifages? & de méme aux poils des animaux de même efpèce.

La patrie des huitres eft auffi quelquefois la caufe d'une fi grande diverfité. Quelle diférence n'y a - t - il pas entre les huitres des *Indes*, & celles d'*Europe*, & combien ces dernières ne difèrent - elles pas entre elles? Ceux qui fe conoiffent en huitres n'ont pas befoin de nos defcriptions pour conoitre la difèrence marquée qu'il y a entre les huitres angloifes de *Colchefter* & celles de la *Zelande*, ou du *Texel*.

L'HUITRE ORDINAIRE que nôtre figure dépeint eft d'une trés - belle efpèce, de coquille épaiffe, laquelle confifte en quantité de larges écailles, couchées l'une fur l'autre, & où l'on voit plufieurs rides & excrefcences. La couleur du fond eft un blanc fale, fur lequel on voit des taches jaunes & noires, de couleur ternie.

PLANCHE XXV.**

Fig. 1. La Planche précèdente nous a produit la partie extèrieure d'un *Doublet de Corail;* cette figure - ci préfente la partie intèrieure du même Doublet. Il eft facile d'y remarquer que non feulement les côtes, mais auffi en partie les boffes de cette Moule font un peu cavées en dedans. On y aperçoit auffi la couleur rouge jaunâtre, qui couvre entièrement les oreilles de la coquille. Au milieu, entre les deux oreilles, fe trouve une tache blanchâtre où les coquilles tiennent l'une à l'autre par une membrane.

Fig. 2. Voici le coté intérieur de la méme huitre qu'on a vûë fur la Planche précèdente, & que nous avons décrite. On voit à la fermeture, où les coquilles font liées en dedans par une membrane l'une à l'autre, quantité de rides qui indiquent feulement les écailles qui forment l'épaiffeur de

la

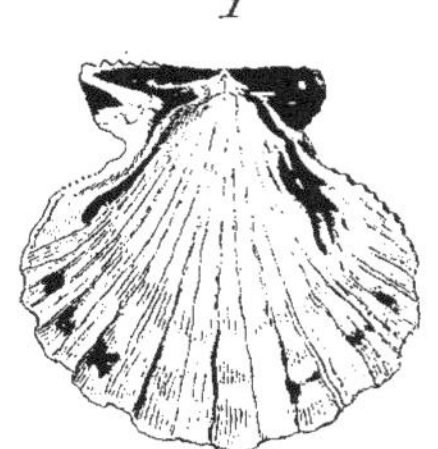

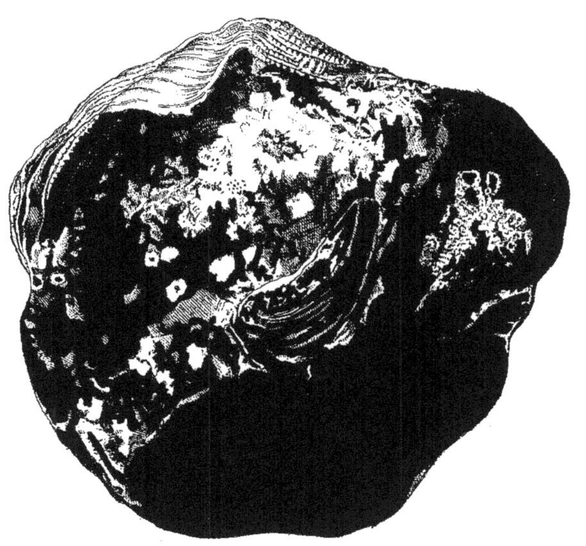

Ex Museo Schadeloockiano.

J. C. Keller ad nat. pinxit.   G. P. Trautner sculpsit.

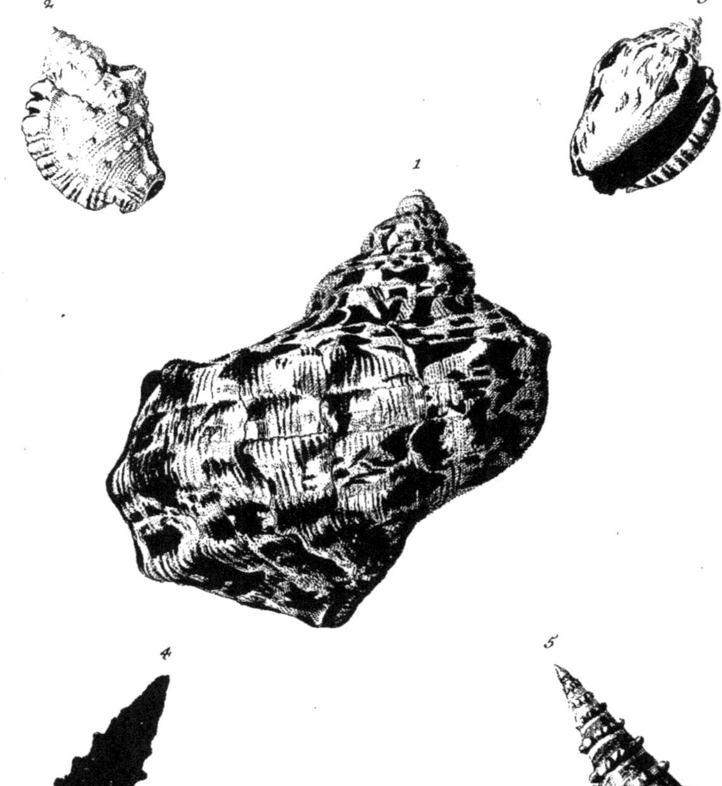

Ex Museo Schadeloockiano.

J. C. Keller ad nat. pinxit.

J. A. Ioninger sc.

la coquille. Du reſte la coquille eſt unie au dedans, excepté le milieu, qui eſt un peu enfoncé & ridé, & où l'animal eſt ordinairement attaché par un bout de la chair. On voit la même choſe à la coquille ſupèrieure moins ventrue, où l'animal ſe trouve auſſi attaché au milieu par un nerf membraneux. C'eſt là l'organe dont ſe ſert l'animal pour ouvrir ſa coquille ou pour s'y renfermer. La force extraordinaire que l'animal montre dans cette opération eſt quelque choſe d'étonnant, perſonne n'étant capable d'ouvrir une huitre pareille, ſi ce n'eſt avec des outils & en uſant d'une violence extrème. Ce qu'il y a de plus remarquable eſt une couleur bleuë tirant ſur le noir, qui ſemble avoir pénètré la coquille blanche, ſur laquelle paroiſſent auſſi quelques taches jaunes.

PLANCHE XXVI.**

Fig. 1. Parmi les *Coquilles en Lune* qu'on apelle auſſi *Huiliers*, les *Oreilles de Géant* doivent tenir le prémier rang, & entre ces Oreilles la plus diſtinguée eſt celle qu'on nomme L'OREILLE DE GÉANT NOUEUSE BIGARRÉE, que cette figure nous préſente. On obſerve au haut des contours, & quelquefois au milieu & en bas, des rangs de boucles élevées en ligne transverſale. Ces contours ſont un peu obliques, & l'embouchure eſt fort avancée. Le fond a un charmant brillant de nacre marbrée de taches vertes & brunes. La coquille parvient quelquefois à la grandeur de deux poings joints. Elle vient des *Indes orientales*, où quelques côtes en ſont abondamment fournies. Les *Indiens* mangent l'animal qui l'habite.

Fig. 2. On a parlé plus haut du LIMAÇON A LAMBEAU NOUEUX, qu'on apelle auſſi la *Grenouille*, ou les *Lentilles*. Ceci en eſt une petite eſpèce. Les noeuds en ſont diſpoſez en rangées. La couleur eſt blanche tirant ſur le bleuâtre, ſur laquelle on remarque çà & là quelques rayes d'un brun pâle, particulièrement au bord de l'embouchure.

Fig. 3. Nous donnons ici en particulier la figure de *l'embouchure* du même limaçon qué nous venons de décrire. Elle eſt en dedans d'un beau rouge-brun, au lieu que l'embouchure de la grande eſpèce de la même coquille eſt au dedans d'un rouge blanchâtre ou couleur de chair.

Fig.

48

Fig. 4. Ceci eſt une petite eſpèce *d'Eguille*, qu'on apelle *Bec d'éguière*, à quoi elle reſſemble effeſtivement; mais comme le haut de chaque contour eſt garni de noeuds, on lui donne le nom de BEC NOUEUX. D'àilleurs ces contours ſont finement canelez tout autour ou entravers. La couleur en eſt brune par tout, excepté à l'extrèmité des noeuds, & à l'embouchure, où elle eſt blanchátre.

Fig. 5. On voit par la reſſemblance qu'il y a entre cette figure & la precèdente que celle-ci reprèſente auſſi un BEC NOUEUX & ne difère de l'autre que par la couleur, qui, comme on voit, eſt à cette dernière un jaune ſale, & par une bande obſcure ternie, qui environne les contours. Il y a pourtant encore deux diférences à obſerver. L'une eſt qu'à celle-ci les petits noeuds ſont plus ronds & mieux formez en globe, au lieu qu'à l'autre ils ſe terminent en pointe aiguë, & l'autre diférence eſt qu' à celle de nôtre figure on ne remarque point de petites canelures entre les contours.

PLANCHE XXVII. **

Fig. 1. Après avoir décrit L'OREILLE DE GE´ANT NOUEUSE BIGARRE´E que nous avons vuë ſur la Planche précèdente, nous avons voulu produire ici la partie inférieure, ou l'embouchure de la même Pièce. Il eſt dificile de voir quelque choſe de plus beau, & de plus propre à charmer les yeux. L'embouchure eſt diſtinguée par un brillant de nacre bigarré, où le verd, le rouge, & le jàune éclatent tour-à-tour, comme à l'Arc-en-ciel, & les mêmes couleurs couvrent juſques au fond toute la paroi intérieure de la coquille. Les deux lignes transverſales, qui paroiſſent au dedans de l'embouchure, & qui en ſemblent diviſer la paroi intérieure en trois champs, ne ſont autre choſe qu'une cavité, qui provient des côtes ou élevations qu'on voit au dehors ſur les contours, & ſur lesquelles les petits noeuds ſe trouvent rangez. Lorsqu'on rompt la coquille, & que la nacre dont elle eſt compoſée ſe ſépare en écaille, ſchaque écaille, même la plus petite, brille des mêmes couleurs.

A cette occaſion nous ne devons pas paſſer ſous ſilence que cette coquille eſt ordinairement munie d'un couvercle qu'on apelle le *Nombril de Venus.* Ce couvercle eſt prémièrement rond, comme la Pleine-lune, ce qui fait apeller

ces

Ex Museo Schadeloockiano.

J. C. Keller ad nat. pinxit.   J. A. Joninger sc.

ces limaçons les *Lunaires*. Après cela il eft d'une fubftance blanche comme neige & très-dure, ce qui lui fait donner le nom d'*Onix*. Puis on y re-marque au côté intérieur de petits anneaux bruns, qui fe terminent au mi-lieu en ligne fpirale, & c'eft de là que vient à ce couvercle la denomination de NOMBRIL DE VENUS. Ces couvercles font blancs au dehors, & garnis de foffettes. L'animal eft doüé d'une fi grande force, que l'homme le plus fort ne fauroit les lever, fans rompre la coquille, ou fans courir le risque de s'endommager lui-même.

Fig. 2. Tel genre renferme un fi grand nombre de petits individus, & les Curieux leur ont donné tant de noms diférens en fuivant chacun fon imagination, qu'il n'eft pas poffible d'affecter à chaque pièce une denomi-nation déterminée, & qui foit adoptée généralement. On fe contente donc de comprendre quantité de ces limaçons fous un nom géneral qui indique fimplement l'efpèce dont il font. Telles font les deux pièces repréfentées par cette figure & par celle qu'on verra ci-déffous fig. 5. qui ne peuvent être regardées que comme des Variations du CHATON GRAINÉ. On les apel-le CHATONS à caufe des taches entremêlées dont elles font marquées, & *grainez*, à caufe des grains qui les parent. Celui-ci eft à fond bleu, à ta-ches d'un brun-clair. La coquille eft entourée de côtes fines élevées, com-me fi c'étoit un fil d'archal. Mais comme ces côtes font tantôt moins éle-vées, & quelque fois entrecoupées par plufieurs canelures, on peut plutôt donner l'épitète de *grainée* à cette pièce que l'ápeller une *coquille à côtes*.

Fig. 3. Plufieurs Figures & Defcriptions qu'on a vûës dans cet ouvra-ge prouvent que les *Strombes* ou *Eguilles*, les *Vis*, & les *petites Tours* for-ment trois fortes diférentes. Aux Strombes le prémier contour feul eft auffi long que tous les autres enfemble, desquels les limites ne font pas mar-quées d'une façon fort vifible. Les Eguilles qu'on nomme *Vis* ont nombre de contours, lesquels diminuent proportionellement, de forte que le prémier n'eft pas fort grand à proportion des autres. Mais les petites Tours, qui reffemblent aux Strombes, en ce que leur prémier contour eft feul auffi long que tous les autres, en difèrent en ce que les limites des derniers font mieux marquées. Cela fufit pour expliquer pourquoi nous nommons cette pièce-ci un ftrombe & la fuivante une petite Tour. Le mot de Strombe, (*) (*. en allem. *Straub-* n'eft *Schnecke.*

Troifième Partie.　　　　　　G

n'eſt qu'une Expreſſion renouvellée du latin par les Auteurs. Nous donnons à cette pièce encore une Epitéte & l'apellons le STROMBE A` GRILLE parce. qu'elle eſt garnie en long & en travers de côtes fines & élevées, qui s'en-trecoupent, à peu près comme le *Buccin à grilles*, que nous avons vû cy-deſſus (Pl. XXVII. *) fig. 3. La couleur en eſt un blanc ſale, & les contours ſont marquez de taches jaunes, qui forment une eſpèce de bande.

Fig. 4. Ceci eſt donc une PETITE TOUR, comme nous venons de l'inſinuer, à laquelle on joint l'Epitète A` CÓTES, parcequ'elle a tout du long des côtes élevées, & qu'elle eſt réellement de la même eſpèce que celle dont il a été queſtion dans la prémière Partie, Pl. XV. fig. 5, 6. Nous y renvoyons le Lécteur pour la Deſcription. Il faut cependant obſerver que celle-ci eſt jaune, au lieu que l'autre eſt brune. Il ſe pourroit pourtant bien que la brune devint jaune, ſi l'on s'aviſoit de l'émoudre encore une fois. Au moins n'oſerions nous pas avancer que ce ſont deux eſpèces difè-rentes, comme s'il y en avóit une brune & une jaune, puiſqu'il eſt de fait qu'une même pièce brune, à force d'être émoulue peut devenir d'abord d'un brun clair, & être enſuite renduë toute jaune.

Fig. 5. Ce que nous venons de dire relativement à la couleur, peut auſſi être apliqué à la préſente pièce, qui eſt un CHATON GRAINE` PLUS GARND que le précèdent, & dont les taches brunes ſont auſſi plus foncées que celles que nous avons vûës & décrites fig. 2.

PLANCHE XXVIII. **

Fig. 1. Le CASQUE UNI DE COULEUR CENDRE'E qui ſe préſente ici porte le nom de LIMAÇON DE BEZOARD COMMUN, OU ORDINAIRE. Nous avons déjà donné de cette eſpèce pluſieurs deſcriptions, auxquelles nous renvoyons le Lécteur. Quoique ce Limaçon ait au haut de ſon prémier contour un rang de noeuds, lequel ſe termine en côtes un peu alongées, on ne laiſſe pas de lui donner l'èpitète *d'uni*, pour le diſtinguer des Casques *tricotez*, *nouëux*, ou *à cotes fines*, qui ont tous été décrits dans cet Ouvrage. La ſuperficie de celui-ci eſt couverte de taches fauves preſ-que effacées, qui paroiſſent plus diſtinctement au bord de l'embouchure. Ce

la

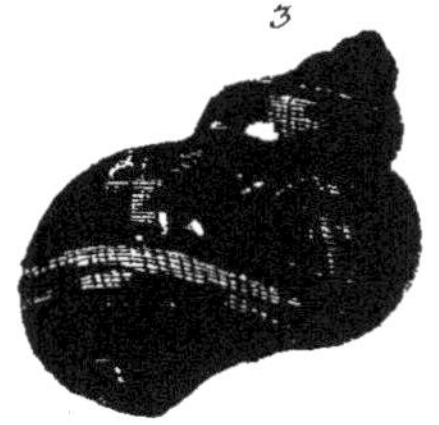

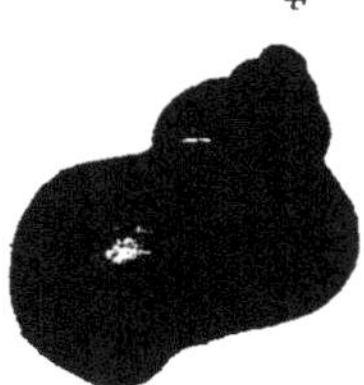

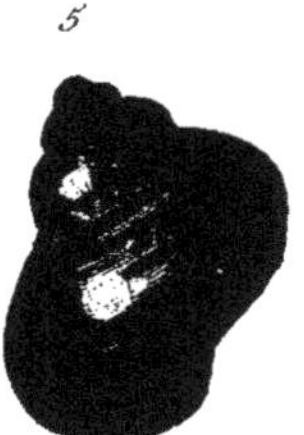

Ex Museo Schadeloockiano.

J. C. Keller ad nat. pinxit.   Val. Bischoff sc.

la pourroit conduire à juger, que cette pièce apartient au Genre des *Casques tachetez*, qu'on apelle *Damiers*, ou *petits Carreaux de Jardin*. Au reste on peut apercevoir à cet individu, que l'animal en continuant l'édifice de sa coquille l'agrandit d'une moitié complette; car on voit vis-à-vis de l'embouchure, & à l'autre périphérie de la coquille, un Ourlet semblable tacheté, qui est le bord de la vieille embouchure.

Fig. 2, 3, 4, 5. Ce font quatre belles Coquilles en Lune, conuës fous le nom des **Nassau**, dont nous avons déjà donné diverses descriptions. La raifon qui nous a déterminé à préfenter à la fois quatre coquilles de même efpèce fur une feule & même Planche, quoiqu'on ait vû plus d'un *Naffau* déjà décrit dans cet Ouvrage, c'est que nous avons été bien aifé de mettre devant les yeux du Lecteur, en produifant ces *Naffau*, qui dans leur Genre & efpèce font des plus beaux qu'on puiffe voir, les differentes variations dont la Nature embellit ces Productions d'un même Genre, &, qui plus est, d'une même efpèçe.

Ceci feroit fans doute un vafte champ pour nous, fi nous voulions nous étendre fur la qualité, fur l'origine, & fur la formation des deffeins & des couleurs de chaque figure, & une difcuffion pareille rempliroit bien des pages. Peut-être même éviterions-nous par là d'encourir de la part de certains Lecteurs le reproche, que nos Defcriptions font trop concifes. Mais à quoi bon nous fatiguer fans néceffité, & fatiguer le plus grand nombre de ceux, à qui ce Livre tombera entre les mains, par la lecture de plufieurs pages fur les deffeins & les couleurs, pendant qu'ils peuvent occuper leurs yeux plus agréablement, & fe fatisfaire à tous ces égards, en regardant les figures-même, ce qui leur en fournit une idée bien plus vive. Tel Curieux, en voyant les deffeins & les Enluminures que nous devons à l'élegant Pinceau du Sr. KELLER, dont l'habileté est connue, pourroit nous dire avec raifon qu'après avoir vû l'ouvrage de cet habile Peintre, des defcriptions étenduës ne font bonnes qu'à ennuyer. Elles ne peuvent convenir qu'a des Ouvrages, où les figures manquent tout-à-fait, ou font mal faites; car dans ce cas il est fans doute néceffaire que la defcription fuplée au défaut de la figure. Hors de là les defcriptions trop amples font non-feulement faftidieu-

G 2

dieufes, mais auſſi trés-ſuperfluës. L'on ne doit décrire en détail que les objèts que le pinceau du Peintre ne ſauroit repréſenter, comme la *dénomination*, le *genre*, l'*eſpèce*, & choſes pareilles, ce qu'on peut faire en peu de paroles, à quoi l'on peut quelquefois joindre des obſervations utiles, quand l'occaſion s'en préſente, comme nous allons faire ici par une remarque génèrale ſur la diverſité des couleurs qui diſtinguent les coquilles, puisque le ſujèt nous y conduit.

Les couleurs ſont des rayons de lumière dont la refraction ſe fait en diverſes façons, & qui, renvoyez d'une ſuperficie, reflèchiſſent diféremment, ſelon que les écailles qui couvrent cette ſuperficie forment certains angles. La coquille ſe forme du ſuc de l'animal, par conſéquent c'eſt dans ce ſuc qu'on doit chercher la raiſon des diférentes qualitez, & de la poſition de ces petites écailles imperceptibles à nos yeux. Or la diférence des qualitez des ſucs dépend de la manière diverſe qu'emploie la nature en les formant, en quoi les vaiſſeaux dont l'animal eſt compoſé influent le plus. Nous concluons de là que les deſſeins qu'on voit ſur la coquille répondent exactement à la tiſſûre fine & délicate des vaiſſeaux placez dans les parties ſupèrieures du corps, par lesquels les ſucs pénètrent au dehors. Nous n'inférons cependant pas de là que la diverſité des deſſeins indique toûjours des eſpèces diférentes, puisque cette raiſon ne ſeroit pas ſufiſante, & que trésrarement l'on trouvera ſoit parmi ces *Naſſau* ſoit parmi d'autres coquilles de couleur variée, deux pièces marquées des mêmes deſſeins. L'on ne doit donc regarder ces variations dans les deſſeins & dans les couleurs, qui diférencient les coquilles, que comme des jeux de la nature, tels que l'on en voit à la diverſité de la couleur du poil des bétes, ou à celle des traits ſur les phiſionomies humaines, ou à d'autres diférences, qui diſtinguent d'autres créatures de même genre & de même eſpèce. Comme nous avons établi pluſieurs autres remarques à ce ſujèt ſur le même principe; il s'enſuit que nous ne regardons pas toûjours la deſcription des points, des couleurs, & des deſſeins, qu'on voit ſur les coquilles, comme quelque choſe d'eſſentiel, mais ſeulement dans les cas, où quelqu'une de ces marques conſtituë un caractère diſtinctif du Genre.

PLAN.

Ex Museo Schadeloockiano.

J. C. Keller ad nat. pinxit.

Val. Bischoff sc.

PLANCHE XXIX. **

Fig. 1. La préfente efpéce de TOUPIES PLATES ET RIDÉES eft affez rare; mais on n'en rencontre presque jamais, qui ayent encore leurs couleurs naturelles dans tout leur eclat. Celles qui poffedent encore toute leur beauté fe tiennent vraifemblablement au fond de la Mer, & s'il arrive que l'animal periffe & que les ondes en jettent la coquille fur le rivage, on ne l'y trouve que toute blanche, & couverte d'une écorce calcaire, ou autrement gâtée par l'air. Cette efpéce, & d'autres femblables fe rencontrent fur les rivages des *Iles Antilles*, où on les tire du fable, au fortir duquel elles font de peu d'aparence, & reffemblent presque à une Pétrification. Les contours font ridez du haut en bas, ou garnis de côtes, qui vont en ferpentant, entre lesquelles on aperçoit dans les enfoncemens encore quelques veftiges d'une peau jaune tirant fur le brunet.

Fig. 2. La partie inferieure du même limaçon nous en fait voir l'embouchure, affez femblable au fond des autres Toupies, & toute blanche. Cependant la qualité intérieure de la coquille paroit à travers la fuperficie, qui a un air de craie, & fait conoître que cette pièce eft une efpéce de Nacre.

Fig. 3. Les *Suceurs de rocher*, & les *Patelles*, ou *Moules en Plat*, conftituent le fecond Genre des coquilles univalves, qui ne font pas torfes. Il y en a peu à qui on donne un nom particulier. Cependant celle-ci porte celui de PATELLE ÉTOILÉE, ou de PLAT EN ÉTOILE. On a déja dit autrepart ce que c'eft que ces *Patelles*. Cette efpéce eft garnie de dix côtes élevées, dont cinq dépaffent le bord de beaucoup, & cinq qui avancent moins, font placées entre les cinq prémières. La couleur en eft brune avec des anneaux blanchâtres, qui font le tour du centre. Ce centre ne paroit blanc, que parceque le fable en a mangé la couleur. L'intérieur de la coquille eft blanc & de nature calcaire.

Fig. 4. Le *Plat en moule*, qu'on voit ici, eft la PATELLE ÉTOILÉE DOUBLE, ainfi apellée parce qu'elle a deux fois autant de côtes que la précèdente, où il faut cependant obferver qu'il n'y en a que cinq, qui foient plus grandes que les autres. Le refte ne confifte qu'en rayes élevées fines.

G 3

La

La coquille en eſt colorée comme de l'écaille de Tortuë, au reſte mince & transparente comme de la corne; le dedans eſt jaune tirant ſur le brunet, ou il eſt brun-foncé.

Fig. 5. Nous voyons ici un petit Limaçon qui apartient à l'eſpèce des COQUILLES A AIGUILLONS SANS FRISURE, que les Auteurs apellent *Murices*, qu'il eſt très-facile de diſtinguer des Toupies. (*). La ſtructure en eſt aſſez ſemblable à celle du *Sabot*, ou de la *Poire sèche*. Sa ſubſtance tient de la craië, & eſt couverte d'un brun terni.

Fig. 6. On apelle *petits Païſans* les Buccins à large ventre & courts, qui ſont de figure baroque. C'eſt de cette eſpèce qu'eſt le préſent limaçon, & comme ſon prémier grand contour eſt couvert de boſſes de tous cotez on lui donne le nom de PETIT PAÏSAN NOUEUX. La coquille en eſt jaune, & les boſſes rougeâtres.

PLANCHE XXX. **

Fig. 1. On voit diverſes eſpèces de PATELLES DOUBLES ETOILEES, dont nous avons dépeint un Individu ſur la Planche précedente. C'eſt ce que démontre entre autres la préſente pièce. Elle a quantité de côtes élevées qui vont ſe terminer au bord, & le dépaſſent les unes plus les autres moins. La coquille eſt épaiſſe, & marquée tout autour de flammes brunes, ſemblables à peu près aux figures du papier marbré. Vers le bout des côtes on aperçoit pluſieurs eſpèces de coupúres, qui indiquent l'accroiſſement ſucceſſif de la coquille, qui eſt au reſte en dedans d'un blanc ſale.

Fig. 2. Ceci eſt un SUCEUR DE ROCHERS UNI, couleur de chair, A TACHES BRUNES. En regardant à travers cette pièce à la faveur d'une lumière, on remarque tout autour de la coquille des raïons, qui partent du centre, & quantité d'anneaux, qui ſont le tour du même centre.

Fig. 3. Voici un autre *Suceur de rochers* dont la coquille ſemble être compoſée de pluſieurs pièces, en ſorte que quatre en conſtituent le corps ou le milieu, & que ſix autres, faites en ecuſſons, & qui paroiſſent liées l'une à l'autre par autant de côtes élevées, en forment la circonférence. La coquille-même eſt blanchâtre, mais les coûtures, où les pièces ſe joignent

gnent

(*) L'Auteur dit cela parce-qu'il y a des *Coquilles à aiguillons friſées* ou *Murices*, qu'on apelle en allemand *Kräuſel-Schnecken*, à cauſe de leurs friſures, & que les *Toupies* portent un nom qu'on prononce de même, quoiqu'il s'écrive diféremment (*Kreiſel-Schnecken*) parceque le mot *Kreiſel* exprime proprement une *Toupie*.

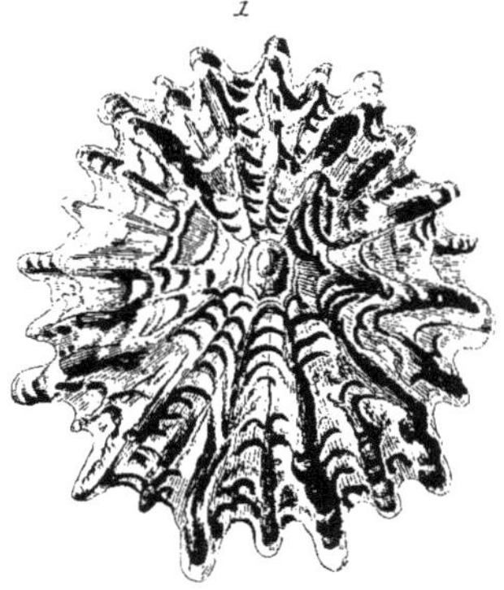

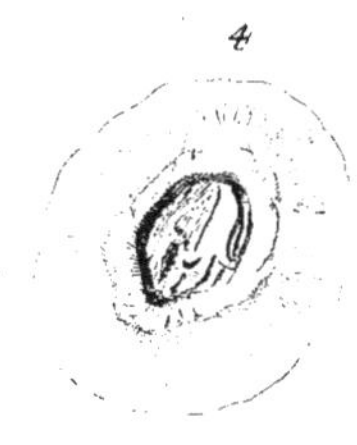

Ex Museo Schadeloockiano.

J.C. Keller ad nat. pinxit.   Val. Bischoff sc.

gnent, font brunettes. Comme on trouve souvent ces Patelles sur les écailles de Tortues vivantes, on leur donne le nom de POUX DE TORTUE. Quelques Ecrivains rangent cette pièce, parce qu'elle est *Multivalve*, parmi les *Balanus* ou *Glands de Mer*, qu'on rencontre aussi fréquemment sur le dos des Tortuës & des Ecrevisses *à poche*.

Fig. 4. On découvre ici la figure intérieure de la *Patelle multivalve*, que nous venons de décrire. Le milieu est l'endroit où l'animal est ataché. Le bord ridé s'est probablement formé du lambeau ridé que cet animal a comme les huitres, & qu'on a coûtume de nommer la *barbe*.

Fig. 5. Ceci enfin est aussi la figure intérieure du *Suceur de rochers uni*, dont il a été question cy-dessus, fig. 2. où l'on a vû sa partie supérieure. La coquille en est jaune, mais les taches paroissent à travers. La tache blanche du milieu indique ici, comme à tous les Suceurs de rochers, l'endroit où l'animal est ataché, & où il est naturel qu'il y ait une affluence plus abondante de sucs, ce qui est cause que la couleur n'y paroit pas à travers comme aux autres endroits.

F I N
de la Troisième Partie.

AVERTISSEMENT.

L'accueil favorable & presqu'inattendu que le Public a fait à cet Ouvrage, & les encouragemens que nous avons reçû de quelques Curieux, qui souhaitent de le voir completé autant qu'il sera possible, nous ont déterminé à en donner encore une Quatrième Partie, au bout de laquelle paroitront la Continuation de la Table Sistématique des matières qu'on a déjà fur les deux prémières Parties, & les deux autres Tables que nous avons promis & que nous espèrons de livrer dans peu de tems.

I. C. Keller inv. et delin.

Guſt. Phil. Trautner ſculps. 1769.

LES DELICES

DES YEUX ET DE L'ESPRIT,

OU

COLLECTION GENERALE

DES

DIFFERENTES ESPECES

DE

COQUILLAGES

QUE LA MER RENFERME,

COMMUNIQUEE

AU PUBLIC

PAR

LES HERITIERS

DE

GEORGE WOLFGANG KNORR,

A

NUREMBERG

IV. PARTIE.

1770.

AVANT - PROPOS.

Nous avions quelque crainte qu'en étendant plus loin
nos Defcriptions des Coquillages, le Lecteur ne fe laffât
enfin, le goût d'aujourdhui n'étant point pour les Ouvrages étendus, & par conféquent coûteux. Quelques
Amis, qui favorifent nos recherches, nous ont guéri
de cette apréhenfion, & leurs exhortations nous ont
déterminé à ajoûter la préfente *Quatrième Partie* aux
trois qui l'ont précèdée, à quoi nous nous fommes
trouvez d'autant plus portez, que l'accueil favorable
qu'on a fait à ce qui a paru jusques ici, & qui a furpaffé
nôtre attente, nous permet d'efpèrer que cette nouvelle
Partie aura le même bonheur. Une autre raifon trés
forte nous obligeoit indifpenfablement à la donner.
C'eft qu'il nous reftoit encore un nombre de Pièces con-
fidérables & rares des Efpèces principales, qu'il n'a pas
été poffible de faire entrer dans la troifième Partie, fans

la

la rendre plus volumineufe qu'il ne convenoit. Nous nous flatons que la plûpart des Amateurs feront d'autant plus difpofez à aplaudir à nôtre procèdé, quand, en jettant les yeux fur nos nouvelles Planches, ils y verront la quantité de pièces rares & choifies, qui y font repréfentées, & dont les figures manquoient encore à nôtre Collection pour la rendre parfaite. C'eft pour nous un motif de plus, de témoigner publiquement la plus vive gratitude aux Perfonnes, qui, en nous communiquant des Coquillages, d'efpèces très-rares, nous ont mis en état de remplir nôtre but, & de fatisfaire à l'attente des Curieux.

Nuremberg, ce 1ᵛ. de Mars,
1770.

Les Editeurs,
Héritiers de feu
George Wolfgang Knorr.

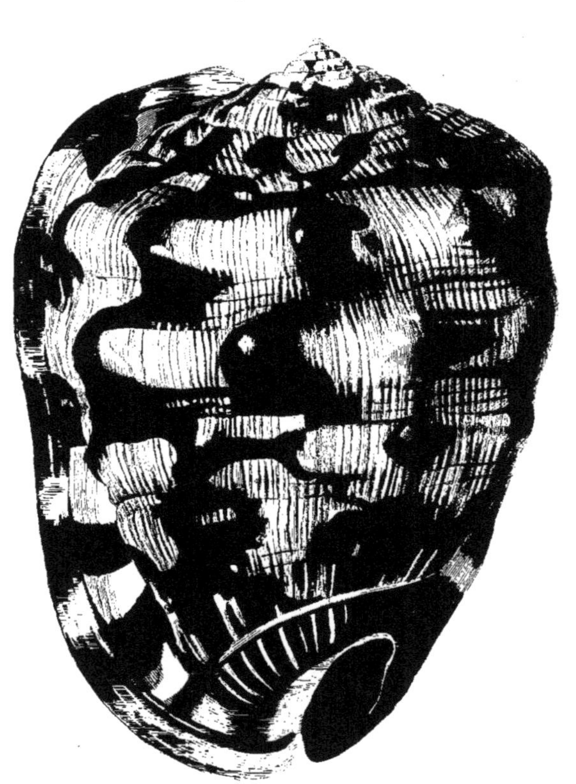

Ex Museo Viri Summe Venerabilis Dn. A. M. Schadeloock
Paſt. & Antiſt. Capituli ad Spirit. S. Scholarumque
ibidem Inſpectoris.

J. C. Keller ad nat. pinxit.   Val. Biſchoff ſculps.

DES ESCARGOTS ET DES MOULES.

QUATRIÉME PARTIE.

PLANCHE I***

Nous commençons cette Partie par une pièce choifie, qu'on trouve rarement dans tout l'éclat de fa beauté, comme elle paroit ici, ce qui rendoit cet individu bien digne d'étre dépeint. Nous avons vû un Limaçon femblable ci - deffus Part **II.** Pl. **IX.** fig. 2. par fon *côté inférieur*, ou *près - de l'embouchure.* Les Curieux donnent à ce Limaçon le nom de FOURNEAU ARDENT, à caufe de fon embouchure, qui eft couleur de feu. Nôtre figure reprèfente le *dos* de la coquille, où l'on voit tout du long quantité de rides fines, coupées par quelques lignes transverfales. Entre ces lignes paroiffent quelques rangées de grandes boffes élevées, qui, le plus fouvent, font rouges. Du refte, le fond de la coquille eft incarnat, chargé de grandes flammes d'un brun - foncé, à la façon du papier marbré. L'Ourlet épais qui borde l'embouchure, & la queue retrouffée de la coquille, font couleur d'orange & rougeâtres. Mais le dedans eft, comme il a été dit, d'une couleur de feu trés - vive. La chair de l'animal eft auffi rouge, & rend un fuc dont on fait une couleur rougeâtre, ou

A 3

de

de pourpre, durable & très-bonne, quoique cette pièce n'apartienne pas
proprement au genre des coquilles de pourpre. On l'apelle auffi le CASQUE
ROUGE.

PLANCHE II. ***

Fig. 1. Nous avons déjà dit autre part ce que c'eft que les *Cames*, &
remarqué qu'on en trouve d'abfolument *unies*. Ainfi nous n'ajouterons tou-
chant la Came unie, qui fe préfente ici, autre chofe, fi ce n'eft que la coquille en eft très-mince, presque transparente, & brillante comme de la
Porcelaine. La couleur en eft blanche, entremêlée de jaune clair, & la
plus grande partie du bord, particulièrement en dedans, eft rouge de cinnabre. Les Hollandois apellent cette piéce VENUS LABAAR; nous en
ignorons la raifon, à moins que ce ne foit parceque ces coquilles ont quelque reffemblance avec les Nimphes, ou Babines des parties naturelles de
la femme. Nous eftimons la dénomination allemande plus décente, & plus
convenable, la FEUILLE DE ROSE, ou la MOULE PECHE (*).

(*) *Das Ro-*
fenblat, der
Mufchel-
Pferfich.

Fig. 2. Cette Figure repréfente une belle efpèce de *Tellines*, qui comprend plufieurs fous-efpèces, diférenciées entre elles fimplement par les
couleurs. La coquille en eft mince, fouvent courbée, & presque transparente. On aperçoit dans cette coquille, dont le fond eft un blanc transparent, plufieurs anneaux d'un blanc de lait opaque. Au refte elle eft
couverte en dedans & en dehors d'un jaune pâle, & porte par cette raifon
le nom de TELLINE JAUNE.

Fig. 3. Les Moules, qu'on apelle *Pinnes* ou *Jambons*, conftituent un
Genre particulier, d'une ftruéture qui lui eft propre, comme on l'a vû
Part. II. Pl. XXVI.* Fig. 1. 2. Cependant il fe trouve auffi parmi les Tellines quelques pièces, qui portent le nom de *Jambons*. Les Tellines, &
les Jambons de ce genre fe reffemblent en ce que ces deux efpèces de Moules ont la fermeture au milieu, & font compofées de coquilles extrèmement minces. La diférence confifte en ce que les Tellines ordinaires font d'une
largeur égale des deux côtez de la fermeture jusques au bord, au lieu qu'à
quel-

P.IV.

II.***

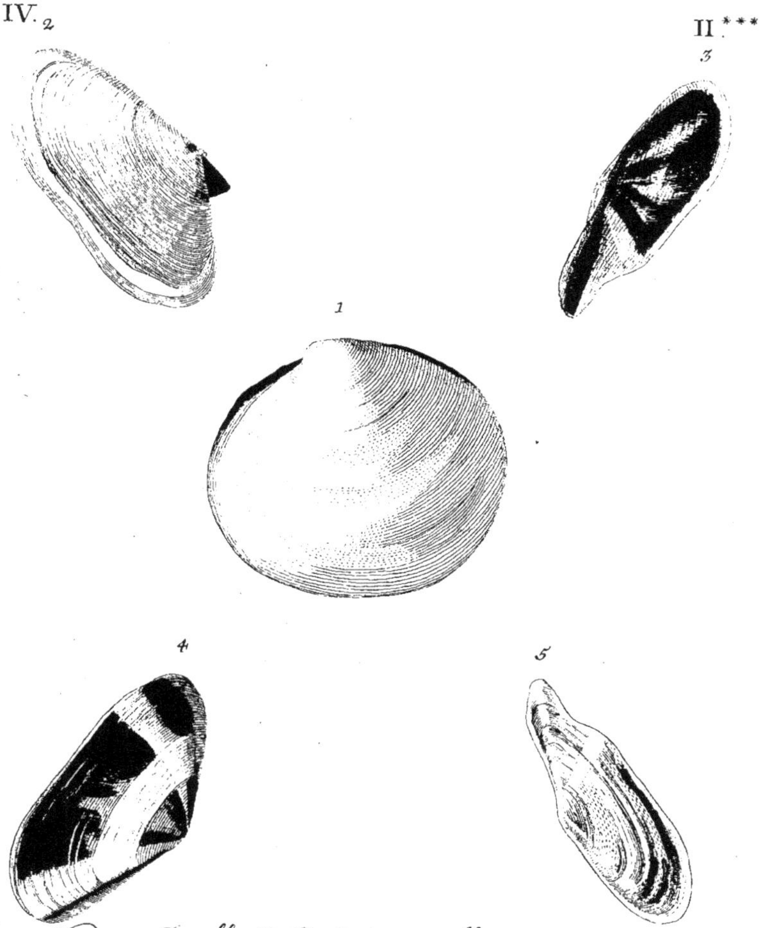

Ex Museo Excell. D. P. L. St. Mülleri, Doct. & Prof. Phil. & Hist. Nat. ord. Erlang.

I. C. Keller ad nat. pinxit. *Val. Bischoff sculpsit.*

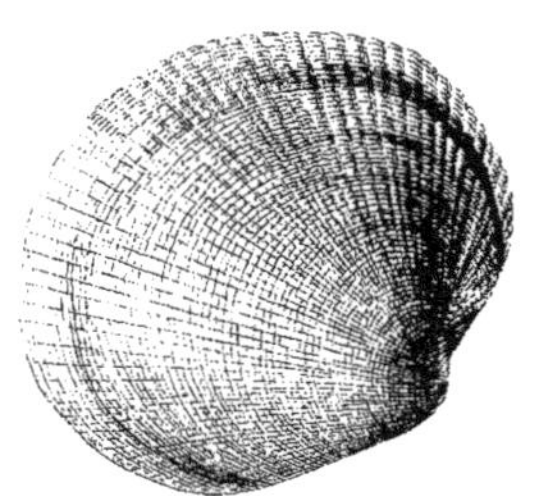

2

3   III***

1

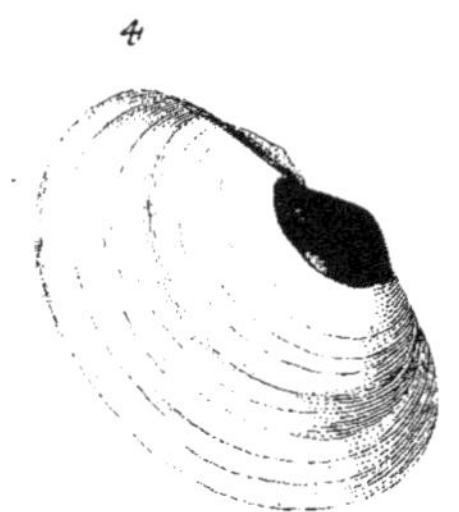

4

5

Ex Museo Mülleriano.

J. C. Keller ad nat. pinxit.

Val. Bischoff sculpsit.

quelques unes l'un des côtez a feulement la largeur & la rondeur propre au genre, & que l'autre, qui eft comme échancré au bord, va en s'étré_ ciffant peu-à-peu fe terminer en pointe, ce qui leur a fait donner le nom de *Jambons*. Cette figure-ci préfente le *côté intérieur* d'une de ces coquilles à Jambon que RUMPH appelle le PETIT JAMBON DU DESSERT, OU DU FESTIN. Cette moule eft de couleur de rofe en dedans, à bord jaune. Nous verrons à la figure 5. comment elle fe préfente au dehors.

Fig. 4. La *Telline* repréfentée dans cette figure porte le nom de RA-ÏON DU SOLEIL COULEUR DE POURPRE. Il n'y a qu'à voir la pièce pour concevoir la raifon de cette dénomination. On trouve plufieurs Variations dans cette Efpèce, presque tous les Individus étant diférenciez, foit par le nombre ou par la largeur des rayons, foit parce qu'ils font plus ou moins hauts en couleur. Une bande large d'un blanc de lait y paffe en ligne transverfale.

Fig. 5. Ceci eft la *partie extèrieure* du Jambonneau, dont nous avons vû l'intérieure ci-deffus à la figure 3. Celle-ci eft couleur de chair, ayant quelques anneaux jaunes en travers, comme auffi des rayons, & un bord jaunâtre. La fermeture eft jaune, & l'une des extrèmitez un peu recourbée. D'autres pièces de cette forte font toutes rouges, & d'autres encore d'un hlanc fale. A quelques unes on remarque quelque diférence relativement à l'échancrure, qui fe termine en pointe, & à la courbure.

PLANCHE III.✳✳✳

Fig. 1. La prémière des pièces dépeintes fur cette Planche eft un AMIRAL. C'eft un *Cone* formel à contours avancez, dont la pointe eft élevée à la façon des *Toupies*. Deux bandes jaunes, dont la fupérieure eft la plus large, paffent fur le fond blanc de cette coquille. Ces bandes font marquées de quantité de rayes brunes, & de taches blanches qui font formées en cœur. On remarque fur le fond blanc, qui paroit auffi en forme de bande, des quarrez jaunes dont les champs intérieurs font blancs. Ici ces quarrez font de couleur un peu ternie. On a fouvent

obfer-

obfervé qu'en génèral dans presque toutes les efpèces de coquillages les pièces difèrent entr'elles fréquemment, relativement aux deffeins, aux couleurs, & au nombre des bandes, & cette obfervation eft auffi aplicable aux *Amiraux*. Cependant les bandes jaunâtres, à lignes brunes & taches blanches en forme de coeur, en demeurent toûjours les caractères diftinctifs principaux. Mais les difèrences dont nous venons de parler, font caufe que plufieurs Auteurs ne font pas d'accord entr'eux dans les defcriptions qu'ils donnent de ces coquilles.

Fig. 2. Comme RUMPH fous l'expreffion de *Cames rudes*, ne comprend abfolument que celles, qui ont des écailles ou des ongles; on ne doit pas être furpris qu'il range parmi les unies, toutes les cames à côtes, ou ridées, ou ftriées, auffi bien que celles qui font véritablement unies. Or, ayant une fois arrangé nôtre Table fiftématique felon la méthode de RUMPH, nous ne pouvons pas nous difpenfer de placer auffi la préfente CAME A CÔTES parmi les *unies*. Elle eft presque ronde, de coquille épaiffe & jaunâtre, unie à la vérité en dedans, mais marquée au dehors tout du long de quantité de côtes, qui font entrecoupées par des lignes élevées transverfales, ce qui fait paroître la pièce comme fi elle étoit couverte d'un grillage fin. Elle n'eft pas fort ventrue. Sa couleur au dedans eft blanche & jaunâtre, & la fermeture régulière, garnie de fa membrane au moyen de laquelle l'animal ferre les coquilles.

Fig. 3. La Moule, que cette figure repréfente eft plus *Telline*, que *Came*, ce qui nous détermine à lui donner le nom de TELLINE À CÔTES. Elle eft garnie tout du long de côtes élevées, coupées en travers par de fortes rides, ou de larges additions à la coquille. Elle eft couleur de chair en dedans & en dehors; on en trouve pourtant de la même efpèce, qui font de couleur cendrée, ou d'un bleu célefte. Quelquefois ces pièces font plus longues & plus étroites, à la façon des Tellines. Les coquilles n'en font pas fort épaiffes.

Fig. 4. Voici une efpèce de Telline à coquille fort mince, qui apartient auffi à celle des *Jambons*, quoiqu'elle ne foit pas échancrée, raifon pour

laquel-

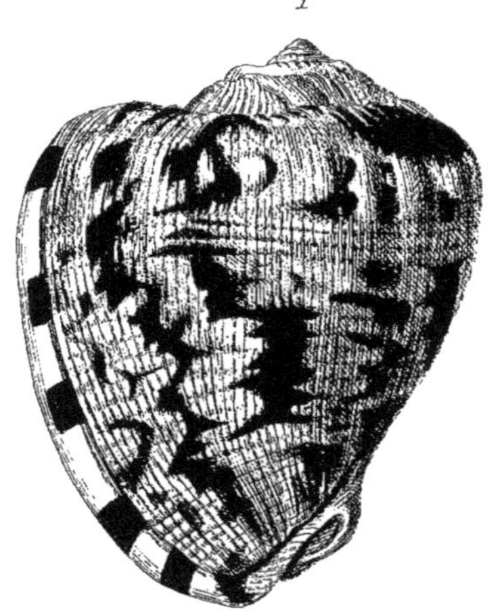

Ex Museo Schadeloockiano.

J. C. Keller ad nat. pinxit.

Paul Küffner sculpsit.

aquelle on lui donne le nom de JAMBON ROND. Sa couleur à la fermeture eft ponceau, mais cette couleur s'eclaircit & fe perd peu-à-peu, de façon qu'au bord la coquille eft toute blanche & transparente. Quelquefois
le Rouge eft feparé du Blanc par une ligne droite & tranchante, à peu
près comme ces couleurs paroiffent au lard & à la chair d'un Jambon en-
tamé. Peut-être que cette circonftance eft entrée pour quelque chofe
dans les raifons de la dénomination.

Fig. 5. Le Genre des Cames nous fournit encore une belle pièce, dépeinte dans cette figure. Son nom eft la LUNETTE D'APROCHE RIDE'E.
Elle apartient à l'efpèce des *Cames unies*, & ne doit pas être confonduë avec
le *Doublet en perfpeEtivE* du genre des *Cames rudes*, qu'on apelle le *Pied de
cheval*. La coquille de celle-ci eft épaiffe, en dedans d'un blanc fale, &
de couleur ifabelle au dehors, où l'on remarque deux, & quelquefois trois
rayons d'un brun-foncé, qui vont fe raffembler en perfpeEtive à la fermeture. En travers l'on voit quantité de rides larges & unies, affez élevées,
qui contribuent à l'épaiffeur de la coquille. Le même Genre a auffi plufieurs
variations, dans lefquelles on rencontre nombre de beautez.

PLANCHE IV.***

Fig. 1. Les Curieux mettent au rang des *Casques raboteux* une efpèce
plus petite de Coquilles, fur lefquelles on ne remarque prefqu'aucune boffe,
mais qui font décorées tout du long de côtes fines, & en travers, de quelques rides. A cela près, elles font femblables à la grande efpèce, comme la figure
le démontre. On apelle cette Coquille le CASQUE à FLAMMES ET à CÔ-
TES, & vû la beauté des deffeins dont elle eft ornée, on lui donne auffi le
nom de ROBE D'ATTALE. L'embouchure eft blanche & dentée des deux
côtez, & munie outre cela d'une babine épaiffe retrouffée, qui eft garnie
de quelques taches quarrées. La coquille en eft épaiffe & forte. On en
a une fous-efpèce, qui eft toute rouge ou d'un brun-foncé, & où l'on
n'aperçoit que peu ou point de flammes. La ftruEture en eft la même
qu'à celle-ci, relativement aux contours. On remarque cependant à cet
Individu-ci, une particularité rare dans cette efpèce, c'eft que l'embou-

Quatrième Partie.   B   chure

chure eſt extrèmemènt large & ſe préſente presque en figure d'aile; ce qui eſt d'autant plus extraordinaire, que dans la règle les coquilles de cette eſpèce ſont longues & étroites, & que l'embouchure ne conſiſte qu'en une ouverture étroite. Mais cette conformation ſingulière de l'embouchure ne peut pas être toûjours regardée comme une marque diſtinctive d'une eſpèce particulière. Car il peut arriver caſuellement, que l'animal gêné par ſa poſition, ou par quelque inégalité du rocher ou du fond ſur lequel il s'eſt trouvé, a été forcé de conſtruire l'embouchure de cette largeur, & de donner une vaſte circonférence à la babine de la coquille.

Fig. 2. Il a été fait mention dans la prémière Partie, Pl. XXII. Fig. 4, 5. d'un *Limaçon à lambeau* qu'on apelle L A M P F D E P A G O D E. Cette eſpèce a beaucoup de ſous-eſpèces, de variations, & d'anomalies. On trouve de ces Limaçons à coquilles hautes &! à coquilles baſſes, les unes ont de trés-grands lambeaux, d'autres les ont plus petits, & il y en a où le lambeau s'aperçoit à peine. De toutes ces ſortes il n'y en a aucune à laquelle on ait affecté une dénomination particulière. Il y a encore d'autres diférences à obſerver, ces pièces paroiſſant ſous diverſes formes ſelon l'âge de l'animal, & dans les cas où il n'a pas achevé ſon crû. Tel eſt celui que la préſente figure dépeint, à l'égard duquel nous remarquerons ſeulement qu'on lui a ôté ſa prémière peau, de ſorte qu'on y voit à découvert le deſſous de la coquille qui eſt une façon de Nacre.

Fig. 3. 4. Un autre Limaçon qu'on apelle l'E P E R O N, eſt auſſi ſujet à pluſieurs variations & anomalies. Ce qui diſtingue celui-ci des *Limaçons à lambeau*, dont nous venons de parler, c'eſt qu'il eſt armé tout autour de crocs pointus, qui ſortent des contours. Selon que ces contours avancent plus ou moins, ou ſont tout-à-fait plats à cette eſpèce, ou ſelon que les crocs ſont plus ou moins longs, cela forme des varietez plus remarquables aux petites pièces qu'aux grandes. C'eſt dans cette catêgorie qu'il faut ranger les deux pièces figurées ici, ſur la coquille desquelles le Verd domine.

Fig.

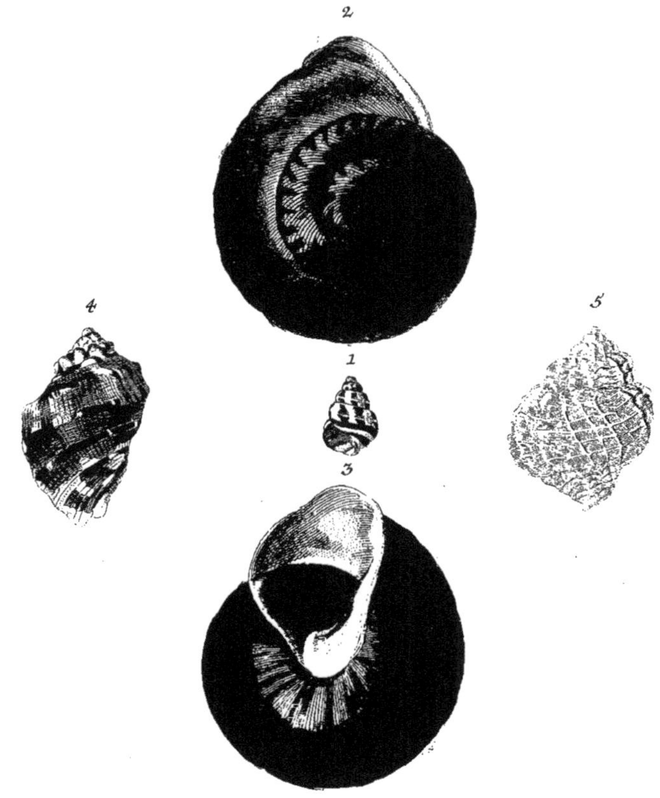

Ex Museo Schadeloockiano.

J. C. Keller ad nat. pinxit.

Val. Bischoff sculpsit.

Fig. ç. Ce que nous avons dit jusques ici, à l'occafion des figures qu'on vient de voir, eft auffi aplicable aux *Toupies.* Celle qui paroit ici eft une fous-efpèce, qui a ceci de particulier, qu'au lieu qu'ordinairement les noeuds fe trouvent fur la partie fupèrieure des contours, ici, ils font placez fur la partie infèrieure.

PLANCHE V.***

Fig. 1. Il n'y a point de Curieux qui ne fache que quand on tient un Buccin fens deffus deffous, de façon qu'on ait en bas l'embouchure devant foi, alors cette embouchure fe trouve du côté droit, cela veut dire que la coquille eft torfe de la gauche à la droite. Mais il fe rencontre auffi quelquefois des variations où la pièce eft torfe dans le fens opofé, c'eft à dire, de la droite à la gauche, comme l'eft celle de nôtre figure, qui par cette raifon s'apelle le PETIT BUCCIN TORS À GAUCHE. Sa coquille eft mince & ondée de brun du haut en bas, & ces ondes font transverfalement entrecoupées de bandes tantôt brunes, tantôt blanches.

Fig. 2. 3. On rencontre dans le Golfe de la *Conception*, dans l'*Amèrique mèridionale*, une efpèce de Limaçons nageans, à coquille mince & embouchure ronde, qui, quant à la ftruéture, font affez faits comme les Limaçons de nos contrées, excepté qu'ils font beaucoup plus grands, & de figure un peu aplatie. On les appelle au païs BULGADOS & aux *Iles Canaries* BURGAOS. Les contours font de grandeur proportionnée, un peu rudes au taét, & de couleur brune. L'embouchure eft bleuâtre. La figure dépeint une pièce de cette efpèce, tant par raport à fa partie fupèrieure, que relativement à l'embouchure.

Fig. 4. RUMPH ne s'eft jamais moins géné à obferver un ordre convenable, & qui pût fervir de règle pour arranger des coquilles analogues entre elles, qu'à l'égard de ces *Caffides verrucofæ*, ou *Casques à verrues*, qu'il nomme *Pimpelchen* (*). Car quelques uns de fes petits Verres à brandevin font réellement des *Murices*, ou *Coquilles à aiguillons*, d'autres font des Buccins parfaits, & dans l'énumération qu'il en fait, il y en a fort peu auxquels

(*) *Petits Verres à brandevin.*

la dénomination de *Casque à verrues*, ou *raboteux*, convienne. Malgrè tout cela, il ne nous refte point d'autre place à affigner à la pièce dont on voit ic la figure, vû fa ftruêturè courte & la largeur de fon embouchure, que de la ranger auffi parmi les *petits Verres à brandevin*. Mais comme celle-ci eft garnie tout-autour de côtes élevées, on peut l'apeller le PETIT VERRE à BRANDEVIN à CÔTES. La coquille en eft de couleur cendrée & rude, & les côtes unies, & tachetées de brun & de blanc. Au refte ce Limaçon a beaucoup de raport avec celui de *Rudolphus*, que nous avons affocié au genre des *Harpes*, lequel relativement à la ftruêture, eft presque femblable aux *Casques*.

Fig. 5. Nous rangeons au même Genre ce Limaçon-ci, & comme il eft garni en long & en travers de côtes qui fe croifent, nous l'apellerons le PETIT VERRE à BRANDEVIN GRILLE'. Un Limaçon femblable, mais dont les contours font plus élevez, la queue plus longue, & l'embouchure moins large, portel le nom de *buccin grillé*. La couleur en eft cendrée & la coquille rude, & de peu d'aparence.

PLANCHE VI. ***

Fig. 1. A l'occafion de la *Robe d'Attale*, dont il a été parlé ci-deffus Pl. IV. *** fig. 1. nous avons dit que les Casques à flammes & à côtes, auxquels on a coutume de donner ce nom, n'ont pas toûjours cette aile large, qui diftingue la dite pièce, & qu'au contraire l'embouchure de ces coquilles eft ordinairement étroite. Nous avons auffi avancé que cette diférence à l'embouchure peut être cafuelle, & n'eft par conféquent pas toûjours un caraêtère diflinêtif qui conftitue une efpèce particulière. Nous ajouterons encore ici que les Limaçons de cette efpèce pourroient peut être contraêter une figure anomalc femblable, en atteignant le degré complet de leur accroiffement. Quoi qu'il en foit, nous voyons dans la préfente figure une de ces pièces dont l'embouchure eft étroite, & dentée comme l'autre, des deux côtez, fans qu'on y remarque aucun noeud, mais qui d'ailleurs eft marquée de même de côtes fines en long, & de rides transverfales. La

cou-

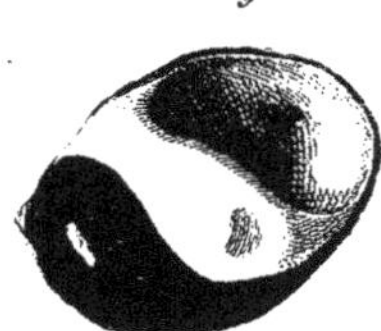

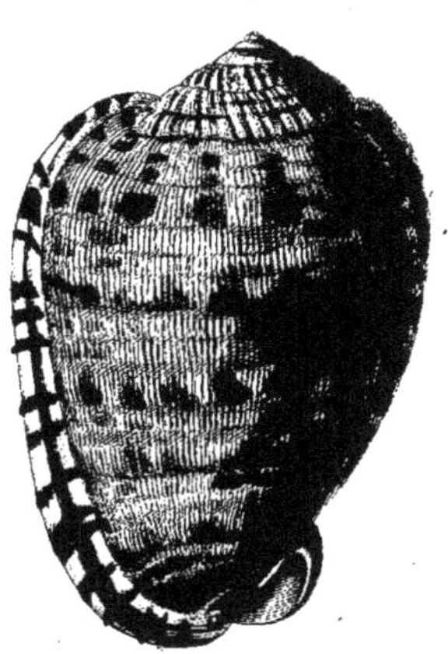

Ex Museo Schadeloockiano.

J. C. Keller ad nat: pinxit.   J. A. Joninger sculps.

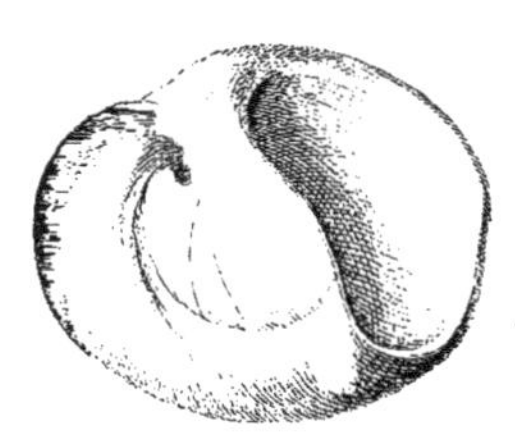

Ex Museo Schadeloockiano.

J. C. Keller ad nat. pinxit. J. A. Joninger sculps.

couleur de l'embouchure eſt rougeâtre, & l'on obſerve à la babine au lieu de taches quarrées pluſieurs rayes d'un brun-foncé. Au reſte elle porte le même nom que l'autre.

Fig. 2. Nous avons auſſi vû ſur la Planche IV.✳✳✳ Fig. 3. 4. de petits Limaçons qui apartiennent au Genre des Eperons, & peuvent être conſidérez comme en étant des variations, ou des anomalies. On doit ranger ſous la même catégorie cette pièce-ci, où le contour inférieur eſt garni tout autour de crocs, & où les contours ſupérieurs avancent beaucoup, à péu près comme eſt fait le *Toit Chinois*, au lieu que les *Eperons* proprement ainſi nommez, ſont abſolument plats, & reſſemblent plus aux *Limaçons en fromage*. La couleur de la préſente coquille eſt cendrée, & la pièce peu aparente.

Fig. 3. 4. Ces deux figures nous préſentent un *Limaçon Semi-Lunaire*, d'abord à l'embouchure, & puis à la partie ſupérieure du contour. On l'apelle le JAUNE D'OEUF TIRÉ, ſoit parceque la pièce n'eſt pas bien ronde, ſoit parcequ'elle a d'ailleurs la couleur d'un Jaune d'oeuf. L'Embouchure eſt blanche. Le dehors eſt d'un jaune doré, ſans taches, & les rayes foncées qu'on y remarque ne ſont que des veſtiges, qui ſont conoître les endroits où l'animal a repris en diſèrens tems l'édifice de ſa coquille.

Fig. 5. Nous terminons les deſcriptions de cette Planche par un CASQUE à CÔTES ELEVÉES. Cette pièce diffère des autres de ſon eſpèce, en ce que les côtes élevées, qui couvrent la coquille en travers, ſont formées en arc, & comme échancrées. Après cela on n'y aperçoit pas la peau jaune & le plus ſouvent laineuſe ou velue qu'on trouve aux autres, mais ſeulement une ſuperficie de couleur cendrée, mouchetée tantôt de jaune tantôt de brunet, ce qui ne doit être regardé que comme des reſtes de la prémière peau.

PLANCHE VII.✳✳✳

Fig. 1. On n'a qu'à ſuivre la Nature juſques aux plus petits objets, pour ſe convaincre qu'elle eſt admirable & élegante en petit comme en grand.

B 3

On

14

On découvre à chaque pas de nouvelles beautez. C'eſt ce que demontre entr'autres le PETIT LIMAÇON LUNAIRE à CROCS, *à façon d'Eperon*, que la préſente figure dépeint. Il eſt non ſeulement muni de crocs en haut aux contours, mais on y remarque outre cela aux contours même quantité de petites entailles & des lignes fines. Les plus petits coutours ſupérieurs ſont garnis de petits noeuds au lieu de crocs. La couleur en eſt rougeâtre & l'embouchure brille d'un éclat argentin.

Fig. 2. Les aiguillons, crocs, ou lambeaux, dont les Limaçons d'un même genre ſont pourvûs, diférent entre eux quant à la grandeur, à la longueur, & à l'épaiſſeur de ces parties. Il en eſt de même à l'égard des *Coquilles formées en Tournant*, connues ſous les noms de *Lampe de Pagode, petit Homme barbu, Cor de Chaſſe ailé, Limaçon à lambeau, Dauphin, Manchette, Dauphin à pattes courtes* &c. Ces Fraiſes, Friſures, Crocs, & Lambeaux, ſont dans leur production merveilleuſe autant de jeux de la Nature. C'eſt dequoi il eſt facile de ſe convaincre en comparant la pièce figurée ici, & celle de la figure ſuivante, à celles qu'on a vûës ci-deſſus Part. I. Pl. XXII. fig. 4. & 5.

Celle-ci eſt la LAMPE DE PAGODE, à laquelle on a ôté la prémière peau, de ſorte que la nacre de perle y paroit à découvert. C'eſt un Limaçon à crocs courts, & à côtes; car les contours ne ſont compoſez que de côtes élevées transverſales, ſur lesquelles paroiſſent des crocs obtus de diférente grandeur & forme. L'embouchure eſt de couleur argentine & brillante.

Fig. 3. La LAMPE DE PAGODE de cette figure-ci, à laquelle on a auſſi ôté la prémière peau, diffère de la précèdente en ce qu'elle eſt unie, & ſans côtes. Ici, les crocs ſont un peu plus forts & poſez à une plus grande diſtance l'un de l'autre. Mais les contours qu'il eſt aiſé de diſtinguer aux deux pièces, à la ligne ſpirale qu'ils décrivent, ne ſont point avancez, & ne préſentent qu'un fond plat, comme à toutes les *Lampes de Pagode*.

Fig.

Ex Museo Schadeloockiano.

J. C. Keller ad nat: pinxit.					Val. Bischoff sculps.

15

Fig. 4. & 5. Ces deux Figures nous préfentent une pièce du Genre des *Semilunaires*, qu'on apelle le JAUNE D'OEUF PALE, qu'on ne doit confondre ci avec le *Jaune d'oeuf tiré*, dépeint à la Planche précèdente, ni avec le *véritable Jaune d'oeuf*, qu'on a vû dans la feconde Partie, Pl. VIII. * fig. 5. Le *véritable Jaune d'oeuf* de RUMPH eft decoré de taches blanches rondes, pofées en une rangée tout autour du contour. Le *Jaune d'oeuf tiré* eft haut en couleur, & la coquille en eft comme comprimée en figure oblique. Mais le *Jaune d'oeuf pâle* eft rond, & de couleur claire, comme on le voit à la figure, à quoi l'on peut ajouter, qu'entre les pièces qui portent ce nom, celle-ci eft toûjours la plus grande. La figure 4. dépeint l'embouchure, qui eft blanche comme neige & formée en demi-Lune, & couverte, mais loin de l'animal, d'une couche de matière blanche. Les arcs ronds qu'on remarque au côté extérieur de la figure 5. indiquent fimplement les endroits où l'animal a repris les continuations de fa coquille.

PLANCHE VIII. ***

Fig. 1. La figure 2. de la Planche précèdente étoit, comme on a vû, une *Lampe de Pagode*, ou un *Limaçon-Dauphin à côtes*. Ces côtes étoient unies, excepté que les Lambeaux ordinaires à cette efpèce de Limaçons avançoient çà & là. On trouve cependant encore une forte de *Limaçons-Dauphins*, depeinte dans cette figure, dont la coquille eft entaillée de toutes parts, de forte que les côtes en font relevées en boffe, & que les contours font garnis de noeuds au lieu de lambeaux, ce qui pourroit faire nommer cette pièce la PAGODE ENTAILLE'E à CÔTES ET à NOEUDS. La peau extérieure eft rougeâtre; quand elle eft levée, on ne voit plus que de la Nacre, & de là vient que l'embouchure brille d'un éclat argentin. Cette embouchure eft parfaitement ronde comme à tous les *Dauphins*, & fe préfente comme le pavillon d'un Cor de chaffe.

Fig. 2. L'on fait que les contours des *Cornets lunaires* ou *Limaçons à bouche ronde*, font pour l'ordinaire fort élevez. Notre figure préfente une pièce de cette efpèce, très belle, qu'on apelle LA BOUCHE D'ARGENT
à cô-

à CÔTES. Tous les contours font garnis de côtes, qui defcendent du haut en bas, un peu en ligne oblique, & font ridées. La peau extérieure eft verd de mer, & la coquille une façon de nacre; l'embouchure paroit argentée.

Fig. 3. La préfente Moule apartient au Genre des *Huîtres*. Les côtes élevées & les profondes cavitez qui la diftinguent, lui ont fait donner le nom de *Crête de coq*. Ce n'eft cependant que la CRETE DE COQ SIMPLE ET UNIE, apellée ainfi pour la diftinguer de la *Crête double*, qui a des plis plus petits & plus nombreux, & de la *Crête à crocs*, dont la coquille eft garnie de longs crocs. Cette pièce eft compofée, comme les autres huîtres, de quantité d'écailles couchées l'une fur l'autre, & fa couleur eft entremêlée de gris - cendré & de jaunâtre. Le dedans eft d'un blanc fale.

Fig. 4. On rencontre parmi les *coquilles à Battant*, (*Cochlea valvata*), qui ont la forme du *Jaune d'oeuf tiré* ou comprimé, une trés - grande quantité de pièces, qui n'ont point de nom afeté, & qui ne peuvent être réellement confidérées que comme des variations ou comme des anomalies, n'étant diferenciées que par les couleurs. On en trouve même d'abfolument blanches, qu'on nomme les BLANCHES (*). Celle - ci a une trés - grande embouchure femilunaire, de figure oblique, à côté de laquelle on obferve un grand Umbilic. Le dedans eft d'un blanc fale, & la couleur du dehors eft un brun - clair.

(*) En allemand, *Weifslinge*.

Fig. 5. On met auffi au rang des *Mufcles* ou *Mytules*, une Moule tout - à - fait particulière, laquelle a, comme la figure le démontre, ceci de commun avec les autres *Mytules*, que la fermeture eft placée à un bout de la coquille, qui s'elargit à l'autre bout; mais ce qu'elle a de particulier dans fa ftruéture, c'eft, que l'un des côtez fe termine en une trés - longue queue, ce qui doit être entendu des deux coquilles, lesquelles étant jointes, font reffembler la pièce à une hirondelle à longue queue, & quand on fepare les coquilles, la Moule prend alors la forme d'un oifeau à ailes déployées, dont la longue queuë feroit un peu fenduë. Cette configuration a fait donner à la pièce le nom de PETIT OISEAU. Au refte cette coquille eft, comme

le

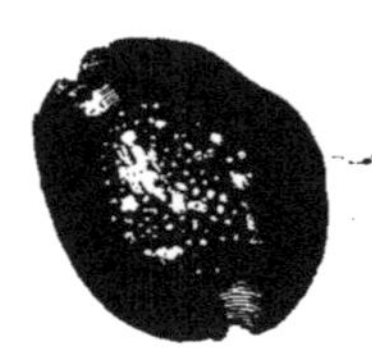

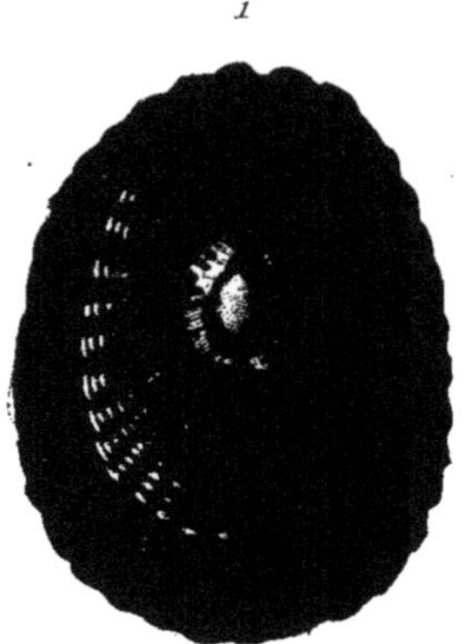

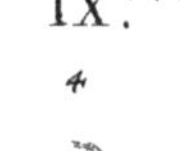

Ex Museo Mülleriano & Sommeriano.

J. C. Keller ad nat. pinxit.

Val. Bischoff sculps.

le plus grand nombre des *Mytules*, noire au dehors, ou quelquefois rougeâtre, & le dedans, comme on le voit ici à l'une des coquilles, bleuâtre,
avec quelque brillant de Nacre. On remarque tout contre la fermeture
une espèce de barbe, ou une substance filamenteuse, qui sert à l'animal
pour s'atacher, à l'exemple du plus grand nombre des *Mytules*, aux bran-
ches de corail, & aux carènes des vaisseaux. La chair en est mangeable.
On ne trouve guère de ces Moules qu'aux *Indes orientales*.

PLANCHE IX.✳✳✳

Fig. 1. Quoique nous ayons déjà parlé de plusieurs sortes de *suceurs
de rocher* (*Patellæ*,) (✳) leur varieté est si grande, que nous trouvons toûjours encore quelque nouvelle Pièce à décrire.

(✳) En al-
lemand.
Klipkleber.

La présente figure présente à nos yeux un grand ECUSSON BRUN A
CÔTES, qui apartient au genre des *Patelles*, qui n'ont point d'ouverture en
haut. Le plus grand dégré d'élevation de la coquille est presque au beau
milieu, d'où des côtes rondes & très-fortes partent & s'étehdent de tous
côtez jusques au bord. On observe près du bord de la coquille à travers
toutes les côtes un anneau, qui indique la grandeur précèdente de la
pièce & l'endroit d'où l'animal est parti en continuant la construction de son
habitation. La couleur est un brun-foncê.

Fig. 2. Le côté intérieur du présent Ecusson a une beauté de préférence,
en ce qu'il est couvert par tout d'un éclat argentin, semblable à celui de la
nacre, tout comme s'il avoit été réellement argenté. Cependant, on voit à
travers cette fine couleur argentine plusieurs anneaux qui peut-être indiquent l'accroissement successif de la coquille. L'intérieur des anneaux est
cavé, & le bord uni, excepté à l'extrèmité où les côtes forment quelques
arcs. La coquille, à proportion de sa grandeur est extrèmement mince &
légère.

Fig. 3. On divise les *Limaçons de Porcelaine en grands & petits*. Les
deux sortes fournissent une espèce où le fond est plat & le dos est formé
en dos d'ane, ou en voûte en quelque façon tranchante, ce qui produit

Quatrième Partie. C une

une figure presque triangulaire. On donne en général à ces pièces le nom
de TETE DE SERPENT, la partie inférieure platte représentant les ma-
choires d'en bas, & l'extrémité pointue figurant la gueule. Il y a de *grandes* & de *petites* pièces de cette espèce, & c'est là-dessus qu'on règle aussi
la dénomination. La pièce que notre figure dépeint est une PETITE TETE
DE SERPENT. La coquille en est épaisse, le fond d'un blanc sale, & le
bord tout autour de couleur obscure & d'un brun qui aproche du noir.
On observe sur le dos plusieurs taches blanches sur un fond brun-clair.

Fig. 4. On a d'autres petites *Porcelaines*, dont la structure ressemble
presque entièrement à celle de la précedente, excepté que leur dos est un
peu plus rond. On compare ces dernières à un *Pectoral de Cuirasse*, & on
les nomme CAURIS. Mais comme il s'en trouve diférentes espèces, on détermine la dénomination par quelque autre caractère distinctif; ainsi l'on
nomme cette coquille-ci le CAURIS BLEU COMMUN, OU ORDINAIRE,
parceque la voussure du dos est bleuâtre, bordée d'un anneau bleu oblong.
Ces pièces, aussi bien que les précedentes, se trouvent en quantité sur les
rivages pierreux des Iles aux *Indes orientales.*

Fig. 5. C'est ici une petite *Porcelaine* d'une conformation tout-à-fait
diférente. La coquille en est mince & légère, le corps long & étroit, &
garni aux extrèmitez de pointes obtuses couleur d'orange. Sa couleur est
un blanc sale, qui tire quelquefois sur le jaunâtre, ce qui a fait donner à cette
pièce le nom d'ISABELLE. On y aperçoit quelquefois sur le dos des rayes
marquées par des points, & des bandes pâles transverfales, comme cela
se voit à notre figure, mais quelquefois aussi la pièce est toute blanche.

Fig. 6. La présente pièce est moins longue, mais plus large, &
d'une voussure plus élevée. Quand le fond de la couleur est bleuâtre
on apelle cette pièce la *Porcelaine à lentilles* ou à *rousseurs,* (qu'il ne faut
pas confondre avec le Limaçon ailé qui porte le nom de *Lentilles.*) Lorsque ces taches font un peu grandes on nomme cette pièce la *petite Porcelaine marquée de la Rougeole,* car on a aussi une *grande* espèce de Porcelaines marquée de même; mais quand la superficie entière est plus jaunâtre

&

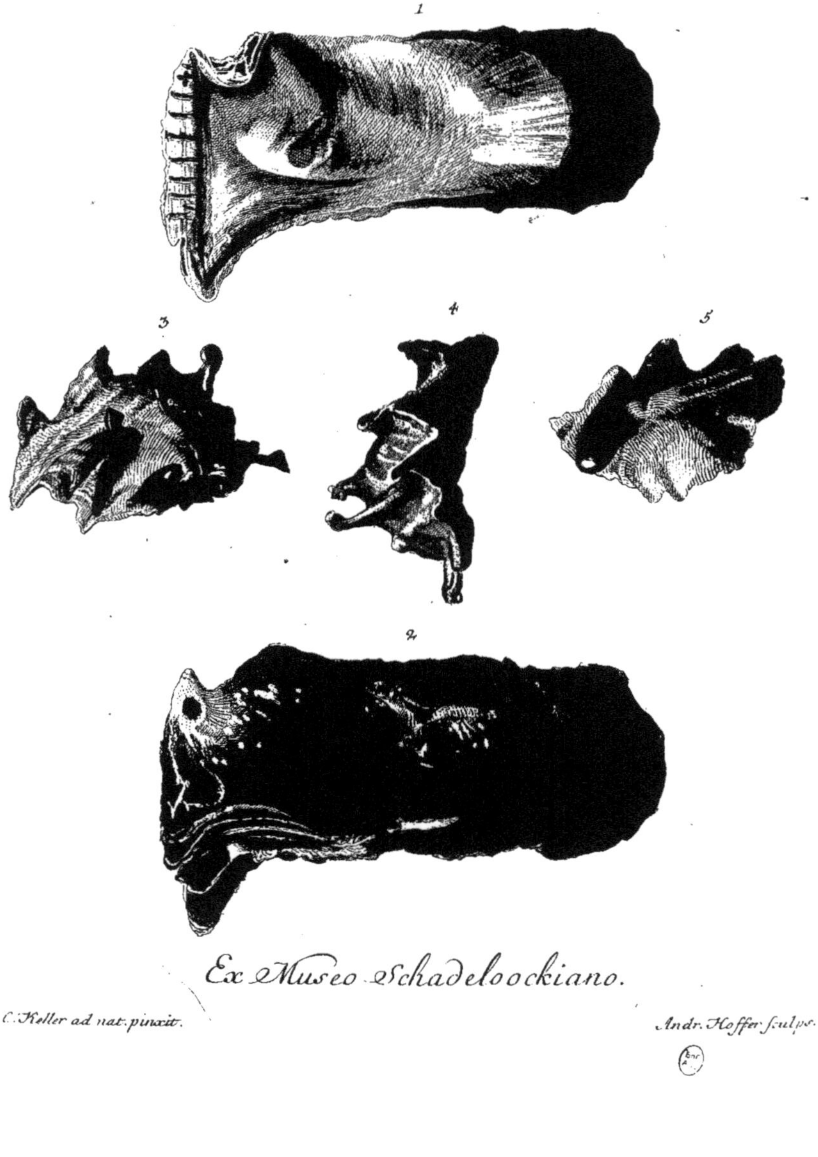

Ex Museo Schadeloockiano.

J. C. Keller ad nat. pinxit.   Andr. Hoffer sculps.

& fort tachetés on apelle cette pièce d'après un certain Infecte des Indes le *Cakkerlaks*, & c'eft aufli là le nom de la préfente coquille.

PLANCHE X. ✳✳✳

Fig. 1. Le Genre des Huîtres nous fournit une efpèce très-particulière, qu'on a produite Part. III. Pl. IV ✳✳ fig. 1. On l'apelle *le Doublet en croix*, ou le *Marteau*, en confidération des oreilles avancées, ou des longues continuations, qui partent des deux côtez de la fermeture. On doit ranger à la même catégorie une autre efpèce qui n'a qu'une oreille, ou une feule continuation, laquelle jointe à la coquille forme une équerre, ce qui a fait afecter à cette efpèce le nom d'EQUERRE. Notre figure en préfente le *côté intérieur*, & l'on voit à celle qui fuit le *côté extérieur*. Cette Huître eft platte, & fa coquille fort épaiffe en haut, depuis le milieu jusques à la fermeture; mais à la moitié inférieure la coquille eft mince, depuis le milieu jusques aux bords. Cette diférence d'épaiffeur ne provient que de ce que la moitié fupérieure eft la plus vieille & a été par conféquent renforcée par une plus longue affluence de ce fuc, qui forme les coquilles. La fuperficie intérieure eft unie, noire, & couverte jusques à plus de la moitié d'un brillant pareil à celui de la Nacre. La fermeture eft trés-large & à plufieurs entailles. L'Oreille, ou la Continuation, avance beaucoup d'un côté, & c'eft ce qui forme l'*Equerre*. A quelques individus cette continuation eft du double plus longue.

Fig. 2. Cette figure ne dépeint que le *côté extérieur* de la coquille que nous venons de décrire. Cette partie eft fort feuilletée & écailleufe, & l'oreille même fe forme de quantité d'écailles, qui croiffent l'une fous l'autre. C'eft aparemment par cette raifon que les feuilles fupèrieures font toûjours un peu relevées. La couleur de cette pièce eft brunette & noire; d'autres font abfolument noires par tout.

Fig. 3. On trouve dans le même Genre des Huîtres la DOUBLE CRETE DE COQ A CROCS, qu'on voit repréfentée ici de trois côtez. Cette figure-ci en dépeint la coquille fupèrieure. Les crocs qui y paroiffent s'a-

C 2

vancent

vancent inégalement & font très-fouvent recourbez. En général fa configuration eft irrèguliere. Tous ces crocs font ordinairement pofez, ou fur le dos qui eft fort élevé, ou fur les côtes dont cette coquille eft garnie. La couleur en eft rougeâtre & brune.

Fig. 4. Ce qui a fait donner particulièrement à cette huître le nom de CRETE DE COQ, c'eft la façon fingulière dont les deux coquilles fe ferment, comme on les voit jointes ici en les confidérant par les côtez, où il eft facile de remarquer qu'elles s'ajuftent parfaitement l'une à l'autre en quantité de plis reguliers & angulaires.

Fig. 5. En regardant dans la préfente figure la partie inférieure de la même piece, on n'y voit plus de crocs, mais feulement les plis ordinaires. On ne peut pas dire pour cela que la coquille foit unie, car elle eft réellement feuilletée, rude, & ordinairement fale, parce qu'elle eft toûjours couverte d'un limon corrofif, qui caufe des démangeaifons & des inflammations quand on y touche. L'intérieur de la coquille eft blanc, & fouvent bordé de noirâtre. On remarque la fermeture à une petite élevation dont la pointe eft blanchâtre.

Quelques Curieux nomment cette huître l'OREILLE DE COCHON.

PLANCHE XI. ***

Fig. 1. Le Lecteur fe fouviendra d'avoir vû dans la prémière partie de cet Ouvrage Pl. II. fig. 1. & 2. deux Nautiles de Papier de couleur blanche, l'un grand & l'autre petit, le premier à quille étroite & le dernier à quille large. On nomme quille ce fond du contour, qui fe trouve placé entre les parois des côtez & les crocs, & l'on emprunte cette dénomination des Vaiffeaux parceque cette coquille eft apellée le PETIT VAISSEAU, & le Limaçon qui l'habite le PETIT BATELIER.

La préfente figure préfente un Nautile de papier d'une autre efpèce. Sa couleur eft un jaune fale. Sa quille eft fort large, ce qui lui a fait donner le nom de NAUTILE DE PAPIER A LARGE QUILLE; fa couleur eft, comme nous venons de le dire, un jaune fale en dedans comme

en

2

3

1

4

5

Ex Museo Schadeloockiano.

J.C.Keller ad nat. pinxit.

Andr. Hoffer sculps.

en dehors, excepté qu'aux crocs elle tire quelquefois sur le noir. D'ailleurs, on voit dans la coquille qui est presque transparente, quand on la tient
à la lumière, un très-grand nombre de rayes noires courbes, qui paroisse-
sent à travers, & qu'il a plû à l'imagination des Curieux de regarder comme une Mante de deuil, ce qui a fait donner à ce Nautile le nom de
VEUVE HONGROISE. Mais il y a aussi de ces pièces, qui sont par tout
de couleur argentée, sur laquelle brillent alternativement un beau verd &
un gris clair. A ces dernières, qui sont aussi une espèce de *Veuve Hongroise*,
les rayes noires sont plus larges, & s'aperçoivent distinctement sur la superficie. Le beau verd qui brille sur cette pièce la fait aussi apeller le
PERROQUET. Outre cela, on a encore une Coquille noire ou rouge, ou un
Limaçon en datte, qui porte aussi le nom de *Veuve Hongroise*. La quille est
du double plus large qu'au *Nautile à quille étroite*. Cette pièce est munie de
côtes, lesquelles prennent au milieu une forme de fourchette, dont les
fourchons sont nettement separez. Les crocs sont obtus, & peu avancez.
L'Animal, ou l'Habitant de ce Nautile de papier, comme celui de tous
les autres, est un Polype. Deux de ses pieds, sont garnis d'une membrane, qu'il étend près de l'embouchure en guise de voile. Il en emploie
quatre, sçavoir, deux de chaque côté à ramer, pour transporter son habitation où il lui plaît, & les deux de derrière, qui sont les plus longs,
lui servent de gouvernail pour diriger sa marche, sur quoi RUMPH a donné
un plus ample détail. Il est étonnant que cet animal ne soit attaché par
aucune partie à sa coquille, comme l'est le *Nautile épais*, ou à *plusieurs
chambres*. Car celuici est attaché au centre de son dernier contour par un
nerf ou tendon, qui passe par toutes les chambres. Or le Nautile de papier n'étant pas conditionné ainsi, mais absolument isolé & détaché de sa
coquille, il est dificile de comprendre, comment il construit son habitation,
& encore plus, comment il peut s'y tenir ferme & n'en pas tomber dehors,
quand un mouvement impétueux agite les vagues. Nous en avons dit amplement notre sentiment dans un autre endroit (*).

(*) V. De-
lic. Nat. Sel.
P. I. p. 41.

Fig. 2. On a quantité d'espèces de petits Limaçons qui atteignent rarement à la grandeur d'un pouce, & qui cependant n'en sont pas moins
C 3
magni-

magnifiques. Tels font celui qui eft repréfenté dans celle figure, & ceux qui font dépeints dans les deux fuivantes. Cela fait trois pièces du genre des ftrombes, d'une beauté incomparable. Celle-ci eft le STROMBE A FLAMMES ENTORTILLÉ. On l'apelle ainfi, parceque la coquille & tous les contours font garnis depuis le haut jusques en bás de côtes transverfales, rondes, & contiguës l'une à l'autre, qui la font paroître comme fi elle étoit entortillée d'une ficelle un peu forte. On aperçoit fur la fuperficie une bande large de couleur brune, qui va en travers, & tout du long des flammes brunes elégamment diftribuées. Les côtes même font couvertes de rides fines. La coquille eft épaiffe & l'embouchure blanche.

Fig. 3. Voici une pièce qui ne le cède point en beauté à la précédente. C'eft un STROMBE A GRILLAGE FIN. On y voit en travers des anneaux trés-delicats, que quantité de canelures entrecoupent tout du long. La couleur du fond eft entremêlée de rougeâtre, de brun, & de blanc. Mais ce qui décore le plus cette coquille, ce font des taches en forme de flammes d'un brun foncé, pofées fur un fond blanc, lesquelles paroiffent fur tous les côtez. L'embouchure eft d'un blanc jaunâtre.

Fig. 4. Enfin, il paroît ici encore un STROMBE A CÔTES FINES, qui charme la vûë. Cette pièce eft garnie tout du long de côtes fines, qui ne font point entrecoupées de lignes transverfales, à la place desquelles, deux bandes roùgeâtres & quelques lignes rougeâtres pofées fur le fond blanc de la coquille environnent les contours. Les bandes confiftent en une ou deux rangées de points rouges qu'on voit fur la partie élevée des côtes, entre lesquelles les canelures confervent leur couleur blanche. L'embouchure eft blanche comme de la neige.

Fig. 5. Comme nous avons déjà donné une defcription de l'*Efcalier en caracol bâtard blanc* (voy. Part. I. Pl. XI. fig. 5.) nous n'aurons rien à dire de particulier de l'ESCALIER EN CARACOL qu'on voit ici, qui ne difére de l'autre que par la couleur. On trouve dans cette efpèce des pièces blanches, tachetées, brunes, & quelques unes auffi, dont les contours font marquez de deux lignes entrecoupées. Quant à la ftructure, il y en a de
plus

2

3

1

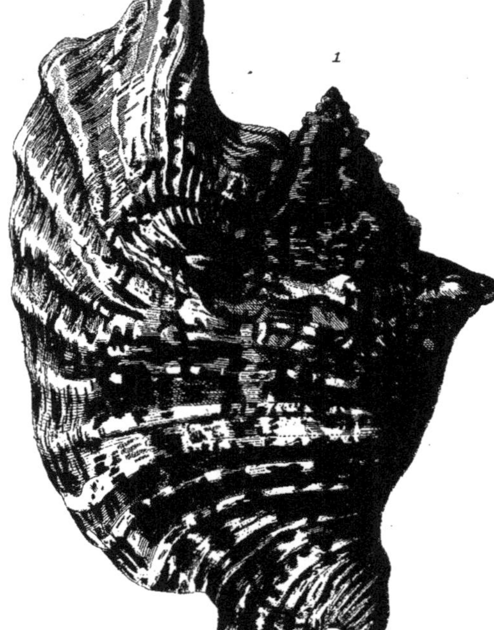

4

5

Ex Museo Mülleriano.

J. C. Keller ad nat. pinxit.

Val. Bischoff sculp.

plus longues & plus étroites, & d'autres plus courtes & plus larges les unes que les autres, mais elles conviennent toutes en ce point que les contours font couchez les uns fur les autres, & que les crampons, qui font forts & de coquille affez épaiffe, fe trouvent liez tout du long aux contours, & en cela ces pièces difèrent de l'*Efcalier en caracol véritable*, dont les contours fout écartez l'un de l'autre, comme les tours d'un tirebouchon, & dont les crampons font détachez de même. Une autre diférence, c'eft qu'à cette dernière efpèce la coquille eft blanche comme neige, plus mince qu'au Nautile de papier, & presque transparente.

L'*Efcalier en caracol de l'efpèce commune* fe trouve abondamment dans les Mers d'*Europe*, particulièrement dans le Golfe *Adriatique*, & dans la *Méditerranée*. Souvent on rencontre de ces pièces parmi les Champignons de mer. Mais l'*Efcalier en caracol véritable* eft rare, & ne fe trouve qu'aux *Indes*. Sa conformation extérieure nous a induits à le placer parmi les Eguilles ou Vis, mais cette pièce femble apartenir plûtôt aux Tubulaires, ou coquilles en tuyau. Car, au lieu que les contours des Eguilles font munis en dedans d'un pivot, comme toutes les coquilles torfes, la préfente pièce ne confifte qu'en un tuyau tors de forme vermiculaire, qui s'élève du bas en haut en ligne fpirale, comme un Efcalier en caracol, & n'a point de pivot au dedans.

PLANCHE XII.***

Fig. 1. Ce grand *Limaçon à lambeau*, eft de l'efpèce de ceux qu'on apelle TIREURS D'ARMES, dont nous avons déjà donné une defcription, dans la feconde Partie, que l'on trouvera aifément en confultant la Table des matières. Nous nous referons à ce qui en a été dit. On donne à cette grande efpèce le nom de COQ COMBATANT, ou fimplement celui de COQ. La coquille eft jaune, tachetée de brun, lesquelles taches font des reftes de fa peau extérieure. Les contours font garnis en haut d'une rangée de crocs élevez, & il paroit en travers fur le refte de la coquille une grande quantité de rides, ou de côtes. Le lambeau qu'on voit à l'embouchure eft fort mince & fa pointe, qui avancé loin au dehors, eft en quelque

que

que façon cavée ou formée en rigole. Au dedans, la coquille est d'un jaune
sale. Nous avons vû des pièces de cette espèce qui avoient deux lambeaux, ou ailes, l'un au dessus de l'autre, ce qui nous a donné lieu de con-
jecturer, qu'à ces pièces l'animal en construisant le premier lambeau,
ayant pris des dimensions trop étendues, ensorte que l'embouchure n'a
pas pû être garnie convenablement, s'est trouvé dans la nécessité d'en former un second moins ample au dessous du premier.

Fig. 2. La présente figure depeint un *petit Peigne à une oreille*, du Genre
des MANTEAUX, qu'on tire de la *Mediterranée.* Cette moule a de gros-
ses côtes, & est rouge. Les coquilles sont minces & également ventrues,
assez plates l'une & l'autre.

Fig. 3. Cette figure-ci représente une autre espèce de *peignes.* Ici
l'on voit DEUX OREILLES, mais inégales. Les côtes en sont larges & plus
écartées l'une de l'autre qu'à la précèdente. Les coquilles sont également
ventruës & blanches comme neige, mais les côtes sont brunes & tachetées
de rougeâtre.

Fig. 4. 5. A l'égard des Limaçons qui demeurent généralement petits, ils sont pour la plûpart de figure indeterminée, mais on y remarque
une grande quantité de variations élégantes. La plûpart n'ont point de nom
qui leur soit particulièrement affecté. On les apelle en général: *Marchan-*
dise de mignature ou de *spéculation,* parceque quand on en a un plein sac on
y trouve souvent des pièces qui fournissent matière à spéculation. Cependant les deux petites pièces dépeintes ici sont du genre des *Casques.* La prémière est fort ridée & un peu noueuse, à bandes brunes, qui sont très-
belles. L'autre est garnie de côtes transversales fort fines & flammée de
jaune.

PLANCHE XIII. ***

Fig. 1. Toutes les Porcelaines n'ont pas la voussure d'une rondeur égale,
comme nous l'avons indiqué dans une autre occasion. Quelques unes ont
la

P.IV.2 .   XIII.***

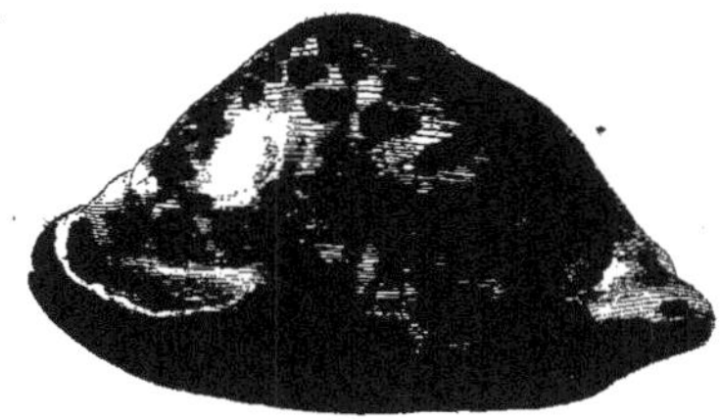

Ex Museo Excell. D. I. H. Sommeri, I. U. D. et Nob. im,
med. a Confil.

J. C. Keller ad nat. pinxit.   Val. Bifchoff fculps.

la forme presque fphérique. Telle eft la Porcelaine qu'on nomme l'*Oeuf*. D'autres font plus plattes, comme l'*Argus*; d'autres encore ont la vouffure élevée, comme les *Goutes d'eau*, ou la *Porcelaine à grains de petite vérole*. On en trouve même dont la vouffure fe termine plus ou moins en pointe, & c'eft là la ftruêture de celle que la préfente figure dépeint, & qu'on apelle par cette raifon la PORCELAINE A BOSSE. La vouffure de cette pièce part du milieu de la coquille comme d'une bafe triangulaire, & forme une boffe en s'élevant. La couleur du fond eft un peu verdâtre & fale. On y remarque des petites taches brunes, femblables à des goutes, çà & là un peu effacées. La coquille eft épaiffe & péfante.

Fig. 2. Il ne faut pas être furpris fi tous les Colleêteurs ne rangent pas le préfent Limaçon au même Genre. Il a beaucoup de raport aux *Eguilles* ou aux *Vis*, quand on ne fait aucune attention à fon long bec ; mais confidéiant ce bec, la pièce reffemble davantage aux *Fufeaux étroits*. Quelques Curieux prétendent que c'eft un *Buccin long*. Cette coquille n'a cependant qu'un feul nom génèralement adopté, c'eft celui de LA TOUR DE BABILONE, & comme il eft fort naturel qu'on cherche une pareille pièce parmi les *Tours*, nous la plaçons auffi dans le même Genre. La coquille en eft blanche comme de la neige, & les contours font garnis par tout de taches noires quarrées femblables à des ouvertures de fenêtre, comme on les voit aux peintures que nous avons de la tour de Babilone. Les contours font borëez de fortes côtes, & l'embouchure fe termine en un bec long & cavé. Ce que ce Limaçon a de plus particulier, c'eft que fon embouchure eft profondément entaillée au prémier contour, comme fi on en avoit rompu exprès une partie. On a encore deux fous-efpéces de cette *Tour de Babilone*, favoir une, dont les taches font pâles, & une autre qui eft presque toute noire. L'une & l'autre fe conoiffent facilement à cette embouchure profondément entaillée dont nous venons de parler.

Fig. 3. Jci fe préfente un Cone apellé le MOINE GRIS, párce qu'il porte deux larges bandes de couleur grife, qui donnent à cette pièce quelque reffemblance avec certains-frocs de moine. D'ailleurs la coquille

<table>
<tr><td>*Quatrième Partie.*</td><td>D</td><td>eft</td></tr>
</table>

eſt d'un blanc ſale en haut & au milieu. Au fond les contours font un peu
dentelez, ou formez en couronne. La coquille eſt unie, à la reſerve de
quelques rangées régulières de grains blancs fort fins, qui vont depuis le
milieu juſques à la pointe. L'embouchure eſt blanche & la coquille aſſez
épaiſſe.

Fig. 4. Le *Limaçon nageant comprimé*, qu'on voit ici, apartient à l'eſpèce des *Limaçons formez en fromage*. On l'apelle la LAMPE. Sa coquille
eſt mince & d'une belle couleur violette entremêlée de brun. L'embouchure eſt un peu courbée, & a une façon d'ourlet.

Fig. 5. L'on a dejà dit autrepart pourquoi l'on donne le nom de *Coraux*
à certaines *Moules en peigne*. Cette figure dépeint une belle MOULE ROUGE
DE CORAIL à OREILLES INEGALES. Elle eſt garnie de côtes larges,
ſur lesquelles on remarque d'autres côtes ſubtiles, & pluſieurs boſſes élevées. La couleur en eſt un rouge de corail. Les boſſes font cavées en dedans, où la couleur paroit d'un blanc rougeâtre. Les anneaux qui paſſent
ſur la coquille en travers, indiquent les endroits où l'animal a repris ſucceſſi-
vement la continuation de ſon habitation.

PLANCHE XIV. ✳✳✳

Fig. 1. Le Lecteur eſt prié de ſe rapeller un *Traquet de Lazare*, qui a
été produit ci-deſſus Part. I. Pl. VII. fig. 1. Mais comme on en trouve
diverſes eſpèces, on en a dépeint une autre ſorte. Ces Huitres portent le
nom de *Traquet de Lazare*, ou d'*Huitres epineuſes* parcequ'on peut faire cla-
quer les deux coquilles l'une contre l'autre, comme un claquet de mendiant, ſans qu'elles ſe déjoignent, ce qui provient de la ſtructure de la
charnière, où les gonds entrent l'un dans l'autre. On les apelle auſſi *Manteaux de Mendiant*, ce qui provient de ce que la forme de ces pièces eſt
courté comme celle des *Manteaux bigarrez*, & qu'elles ſont garnies de lambeaux au lieu d'éguillons, ce qui donne à cette coquille un air déchiré.
On voit une Moule ſemblable dans la prémière Partie, Pl. IX. fig. 2. C'eſt
dans

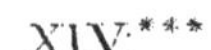

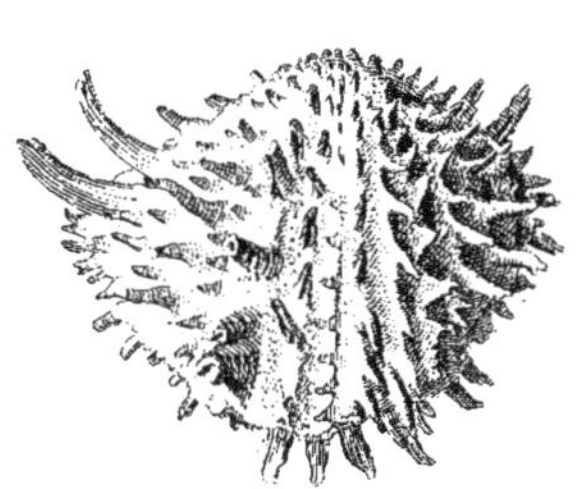

Ex Museo Sommeriano.

J. C. Keller ad nat. pinxit.

Paul. Küffner sculpsit.

dans la conformation que confiſte la plus grande diférence. Cur au lieu qu'à
a plûpart de ces Moules la coquille inférièure eſt blanche & ventrue, &
la ſupèrieure abſolument platte & colorée, il s'en trouve pourtant auſſi dont
les deux coquilles ſont auſſi blanches & ventrues l'une que l'autre, & garnies
d'éguillons l'une comme l'autre. Mais à celles de la prémière ſorte la coquille inférieure n'eſt couverte que d'écailles, & la ſupèrieure a les éguillons.
C'eſt un TRAQUET DE LAZARE pareil, à COQUILLES BLANCHES également ventrues, qu'on voit ici, & qu'on nomme l'HUITRE à E'GUILLONS
ou le HERISSON. Ces coquilles ſont d'une blancheur de neige, & couvertes de côtes fortes & élevées, lesquelles ſont tellement couvertes d'éguillons inégaux, c'eſt à dire, longs, courts, droits, courbes, remplis, ou
cavez, qu'on ne ſçait presque par où les ſaiſir. Entre les côtes la coquille
eſt grainée & pleine de petits creux, mais en dedans elle eſt blanche &
unie.

Fig. 2. Le préſent *Peigne* porte le nom d'ARCHE BATARDE, ou de
PEIGNE DE FUCELLE, ou de COEUR DE BOEUF. La raiſon de la
prémiére de ces denominations eſt viſible, quand on ſe donne la peine de
comparer cette figure à celle qui a été produite ci-deſſus Part. I. Pl. XVI.
fig. 1. La ſeconde provient d'un certain ſuc rouge, qui ſort d'une petite
main pointue de l'animal, & qu'on ſe plait à regarder comme du ſang de
pucelle. La troiſième enfin, ſe donne à cette pièce à cauſe de ſa forme
voûtée & faite en coeur. Les coquilles en ſont épaiſſes & garnies à la fermeture de gonds trés hauts, recourbez, & rebordez, qui ſont placés à
l'oppoſite l'un de l'autre. De ce côté les coquilles ſont fort larges. Les
côtes de cette Moule ſont faites comme celles des *petits peignes*.

Fig. 3. On voit ici un PEIGNE FORME' EN VESSIE, où l'on trouve
une particularité trés-remarquable, c'eſt que d'un côté les coquilles au lieu
de ſe joindre, ſont entaillées ou échancrées, ce qui forme une ouverture
dentée à travers laquelle l'animal étend un bras ou une partie de ſa chair,
&, par un mouvement qui lui eſt propre, fait ſauter la pièce au deſſus de

D 2

l'eau.

l'eau. Les coquilles font blanches & un peu rougeâtres. Au refte les ftries qu'on y aperçoit font plus larges qu'aux autres *petits Peignes.*

Fig. 4. Il fe préfente dans cette figure une *Came unie*, à laquelle fa couleur a fait donner le nom d'ABRICOT. C'eft une fous-efpèce de celle que nous avons vûe ci-deſſus, Pl. II. *** fig. 1. fous la dénomination de *feuille de rofe*, ou fous celle de *pêche.* La coquille eſt mince, unie, & brillante. On y obferve d'un côté un rebord avancé.

Fig. 5. Ceci eſt un *petit Peigne à coquille mince*, qui a des côtes delicates, finement entaillées. La couleur en eſt blanche. On l'apelle la FRAISE BLANCHE. Mais comme du côté de la jointure cette pièce repréfente parfaitement un coeur, on l'apelle auſſi le COEUR HUMAIN, & en effet elle apartient à l'efpèce des *Moules en coeur.* Ses coquilles fe joignent parfaitement, de façon qu'il n'y peut paſſer une goute d'eau, leurs petites dents s'ajuſtant l'une à l'autre avec la dernière exaĉtitude.

PLANCHE XV. ***

Fig. 1. On a donné dans la prémière Partie, Pl. IV. fig. 5. 6. une idée de la conformation des *Mytules.* La fermeture eſt à l'un des bouts & l'autre eſt tout-à-fait large. Or quoique cette ſtruĉture foit commune à tous les Mytules, l'on trouve pourtant dans cette efpèce pluſieurs variations relativement à l'épaiſſeur, à la largeur, & à la courbure des coquilles, & encore davantage par raport aux couleurs. Cependant toutes ces pièces font couvertes d'une peau rude & peu aparente, tantôt noire, tantôt couleur de terre, ou brune, & d'ailleurs unies ou laineufes.

Ainfi on ne peut bien voir la beauté de cette Moule, qu'après l'avoir émoulue & polie; mais alors on y diftingue facilement les variations des efpèces, dont cette Planche entière fournit une preuve magnifique. Celle que cette figure dépeint eſt un MYTULE BLEU ORDINAIRE. Cette pièce, quand elle eſt brute eſt couverte en dehors d'une peau noire, & en dedans fa couleur eſt un blanc bleuâtre; mais lorfqu'elle eſt émoulue elle paroït d'un

beau

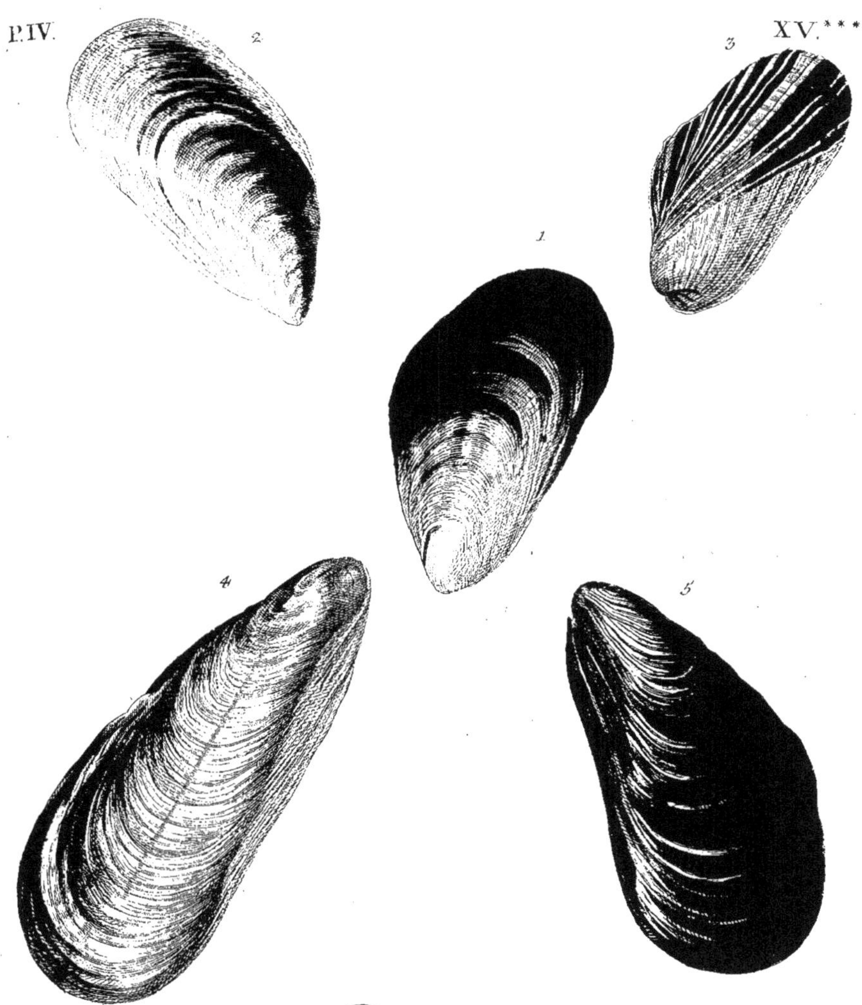

P.IV.
2
3
XV.***
1
4
5
Ex Museo Sommeriano.
J. C. Keller ad nat. pinxit.
Andr. Hoffer sculps.

2

3

1

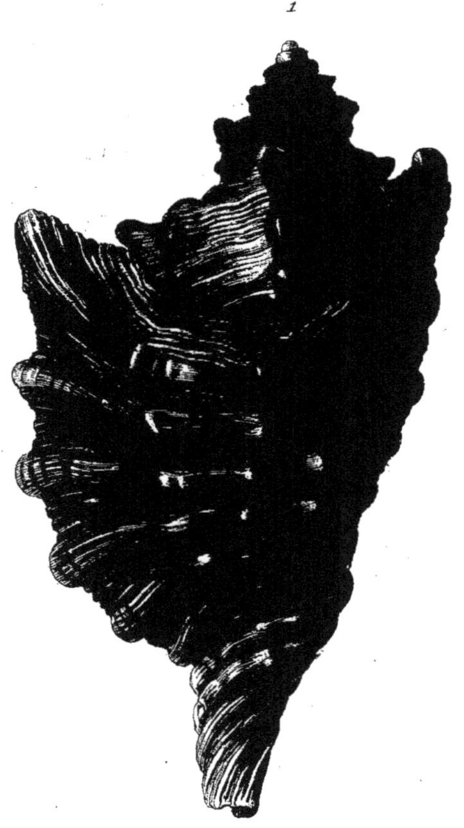

4

5

Ex Museo Mülleriano & Sommeriano.

I. C. Keller ad nat. pinxit.

H. I. Tyroff sculps.

beau bleu foncé, qui s'éclaircit fucceffivement en aprochant de la fermeture, & fe change enfin en un beau brillant couleur de nacre.

Fig. 2. Ceci n'eft qu'une variation du *Mytule ordinaire* que nous venons de décrire. Il ne diſére du précèdent qu'en ce que celui-ci eft violet, & que ſa couleur ſe répand davantage ſur toute la Surface de la coquille.

Fig. 3. Le préſent Mytule, brut encore, eft de couleur brune. Mais
quand on l'a dépouillé de cette prémière couverture, on voit une coquille
décorée de fines ftries rouges ſur un fond couleur d'àrgent. Cette pièce
eft plus ventrue que les autres *Mytules ordinaires*, & a d'un côté un rebord
fort avancé. La coquille en eft mince & plus transparente qu'à tous les
autrés Mytules.

Fig. 4. On a une autre *grande eſpèce* de ces *Mytules ventrus* dont la peau
eft ordinairement couleur de terre, au deſſous de laquelle ſe découvrent
les couleurs variées les plus brillantes. On y voit la couleur d'argent, le
bleu, le rougeâtre, le jaune & le brun ſe fuccèder dans un éclat de nacre
ſur des anneaux qui paroiſſent comme effacez.

Fig. 5. Cette figure-ci dépeint la plus rare & la plus magnifique des
Moules de cette eſpèce. La peau extèrieure en eft un brun tirant ſur le
rouge, & d'ailleurs laineuſe. Mais au deſſous de cette peau ſe trouvent
des anneaux ſuperbes veloutez, bruns, & d'un verd pâle ſur un fond brunet,
où ces couleurs brillent ſur un éclat de nacre. Les pièces de cette eſpèce
ſont auſſi fort ventrues. Au reſte, toutes ces eſpèces conviennent en ceci,
c'eft qu'au moyen de divers filamens, qu'elles ont à la fermeture, elles
s'attachent à d'autres corps, & que fort ſouvent on y rencontre de petites
perles en grains.

PLANCHE XVI. ✳✳✳

Fig. 1. On range parmi les coquilles à éguillons, ou *Murices*, encore
un trés-beau Limaçon, qui n'a ni éguillons ni feuilles, & qu'on apelle d'après

D 3

d'autres

d'autres Auteurs le **BUCCIN TRIANGULAIRE**, quoi qu'il apartienne proprement à l'efpèce des *Poires féches*, ou des *Efcargots en pied*. Cette pièce eft triangulaire dans toutes les formes. L'embouchure repréfente l'une des faces, & de là partent les deux autres vers le haut, & fe réuniffent en formant un dos élevé, fur lequel on remarque un ou deux noeuds, qui dans le dernier cas fe trouvent placez l'un à côté de l'autre. Toute la coquille eft compofée de côtes transverfales fort avancées, entre lesquelles paroiffent diverfes rides d'une côte à l'autre. Ces côtes font toutes garnies de divers petits noeuds, dont le plus gros fe trouve au milieu du dos fur la côte la plus élevée, & fe termine à la façon des crocs en une pointe obtufe. Quant à la couleur elle eft le plus ordinairement brune, cependant les côtes font un peu blanchâtres. L'embouchure eft d'un blanc fale, fort ample, & comprimée d'une façon toute particulière. Elle eft garnie d'un large ourlet, & fe termine en un bec recourbé & fait en rigole. Les côtes & les crocs élevez font cavez en dedans. Ce Genre fournit quantité de variations tant par raport à la conformation des pièces qu' à l'égard de la couleur. Quelques unes font brunes tirant fur le noir, d'autres font jaunes.

Fig. 2. Dans la grande varieté des petites Porcelaines on trouve fort fouvent des pièces extrèmement mignonnes. De cette catégorie font entre autres certàines *Porcelaines grainées* qu'on apelle **GRAINS DE RIS**. Il s'en rencontre de brunes, comme eft celle de notre figure, & d'autres qui font blanches comme la neige. Ici les petits grains élevez font blanchâtres, & l'embouchure rougeâtre. On donne auffi à cette pièce le nom de **NOISETTE**.

Fig. 3. Cette petite **MIGNATURE** apartient au Genre des *Casques*. Sa coquille eft épaiffe & couverte de bandes brunes fur un fond qui eft blanc comme neige.

Fig. 4. La préfente figure préfente une petite Porcelaine qu'on apelle le **DOS BLEU**, ou auffi là **PETITE LANGUETTE OU BORDURE**. La raifon
de

Ex Museo Sommeriano.

de la prémière denomination fe voit fur la pièce même. Quant à la feconde on doit l'attribuer à un large rebord blanc, qui s'éleve tout autour du champ bleu lequel a déja de l'élevation. Au refte, la ftruſture eſt la même qu' à tous les autres *Cauris*, & l'embouchure eſt dentée.

Fig. 5. Ce Cone-ci eſt de l'efpèce des *Cornets des Mennonites*. On le nomme le CORNET COURONNÉ à caufe des crocs avancez qui environnent au fond les contours. On remarque en bas à la pointe quelques rangées de grains blancs élevez.

PLANCHE XVII.***

Fig. 1. Dans le Genre des *Cones* les *Cornets en coeur* ont en général une beauté de préférence, & quand on les examine de près, on y trouve plufieurs varietez non feulement eû égard à la diftribution & à la forme des taches figurées en coeur, mais auffi par raport à la couleur, qui eſt tantót noire, tantót brune, & quelquefois un peu rougeâtre. Les pièces de cette efpèce, qui, comme celle de la préfente figure, font couleur d'Orange, font les plus recherchées, parcequ'on en rencontre peu fouvent de pareilles. D'ailleurs, leur ftruſture eſt à tous égards femblable à celle des autres *Cornets en coeur*, ce qui nous difpenfe d'en dire ici davantage, attendu que nous avons déjà donné dans la prémière Partie la defcription d'un autre *Cornet en coeur*.

Fig. 2. Nous voyons ici une pièce, qui mérite un redoublement d'attention. C'eſt l'envelope d'un Ver, ou une coquille tubulaire, qu'on nomme auffi le *Serpent cornu*, ou le *boyau de Poule*. Ces Tuyaux marins ne font à jeur naiffance qu'un petit conduit en ligne fpirale, pointu, qui s'élargit peu à peu, & s'écarte enfin de la forme fpirale en s'alongeant foit en ligne droite, foit en courbures irregulières. On ne fçauroit difconvenir qu'il n'y ait plufieurs efpèces de ce genre, car on en trouve dans du bois pourri, d'autres fur des rochers, d'autres fur des Moules & fur d'autres corps marins, d'autres enfin, entaffez dans une même maffe, & entrelacez les uns dans les

autres,

autres, & cela peut bien induire à fupofer une diverfité d'efpèces parmi les habitans de tous ces diférens domiciles. Cependant, nous ne faurions adhérer au fentiment de divers Auteurs, parmi lesquels RUMPH même eft compris, qui à l'égard de ces pièces tubulaires, font plufieurs efpèces de ce qui n'en eft réellement qu'une feule, fans en allèguer d'autre raifon qu'une légère diférence de ftructure ou de courbure au Tuyau, ce qui felon nous, ne fufit pas pour conftituer une efpèce particulière, ces diférences pouvant être fimplement l'effet d'une variation arbitraire ou cafuelle. Un Tilleul crû fur le fable, ou fur un terroir pierreux, un autre venu fur un terroir argilleux, un autre droit, un autre courbe, épais ou mince, ne laiffent pas d'être tous des tilleuls. De même, ce que les Auteurs nomment le *boyau de Poule*, le *Serpent cornu*, le *Sifflet de fable*, &c. n'en eft pas moins toûjours le même animal, du même genre, & de la même efpèce, quoique les individus ayent contracté en croiffant des courbures diférentes.

Nous convenons cependant que les *Futs de Venus* ou *Boyaux de Boeuf*, les *Tuyaux en ferpent dentez*, les *dents d'Elefant*, les *boyaux de Poule*, les *Maffes tubulaires de nature coraline*, les *Orgues marines*, les *Alcions durs*, & autres de cette catégorie, font de genre diférent, & qu'il fe trouve auffi des fortes diverfes parmi les *boyaux de Poule*. Notre intention n'eft donc que d'avertir les Curieux de ne fe pas laiffer induire facilement par la ftructure ou grandeur arbitraire ou cafuelle des pièces, à multiplier les Genres fans neceffité. Au refte, on peut prendre pour règle que la maffe de ces pièces tubulaires fert plus que leur ftructure à déterminer les diférentes efpèces.

On a des *Tuyaux de nature cornée*, d'autres font *offeux*, d'autres de *nature calcaire*, ou *coraline*; il s'en trouve auffi de *fpongieux*, de *membraneux*, & de *charneux*. La pièce qu'on voit ici a une fubftance analogue à celle de la plûpart des Limaçons. Sa couleur eft jaune tirant fur le brun. Elle eft d'ailleurs mince & en quelque façon transparente. On peut en rencontrer qui font enduites ou couvertes d'une Maffe coraline de Madrepores ou

de

de Millepores, mais cela ne conſtitue pas à cette eſpèce une diférence eſ-
ſentielle.

Fig. 3. En produiſant dans cet Ouvrage la préſente envelope ou habitation d'un animal marin ou infeƈte de mer, l'unique raiſon qui nous y a
déterminé eſt, que la plûpart des Curieux ont coutume d'accorder à cette
pièce une place dans leurs Colleƈtions de Coquillages. Le nom qu'òn lui
donne eſt celui de GRILLON, de CLOPORTES MARINES, , ou de POUS DE BA-
LENE. La figure ſeule de la pièce ſufit pour démantrer qu'elle s'écarte de
la Struƈture & de la Maſſe ordinaire des Moules. Sa ſubſtance eſt de nature cornée ou ſemblable à l'ecaille de tortuë, & marquée de même en
dehors. La ſtruƈture a un raport parfait à celle d'un *esquif* ou d'une *nacelle.*
Elle eſt compoſée de quantité de côtes qui traverſent de part en part, ou
d'écuſſons couchez l'un ſur l'autre. Tous ces écuſſons ſont affermis & ar-
rétez au bord par une membrane épaiſſe recourbée comme un bourrelet.
De trés-fines écailles couvrent la membrane, & les écuſſons ſont décorez
à chaque côté d'une raye verdâtre ſur un fond gris-cendré.

Fig. 4. La partie intérieure, qui eſt entièrement cavée & voutée fait
voir diſtinƈtément la conformation de ces écuſſons. Ils ſont en dedans
d'un verd bleuâtre, & jaunes où ils ſe joignent. Chaque écuſſon eſt coupé
en ligne droite d'un côté, & de l'autre ou le ſuivant le dépaſſe, il eſt échancré. Au reſte tous les écuſſons ſont mobiles, & béent, quand on courbe
les deux extrémitez de ce petit bateau mignon, pour les raprocher l'une
de l'autre. Pour placer cet écuſſon convenablement dans nôtre Table des
matières, nous le metrons parmi les *Moules multivalves.*

Fig. 5. Nous avons déjà dit ſi ſouvent que les Limaçons paſſent inſen-
ſiblement d'un genre à l'autre, & qu'il n'eſt pas poſſible de déterminer à
cet égard des limites fixes, que nous pourrions nous dispenſer de le repeter ici, ſi une occaſion particulière ne nous y amenoit. L'on voit dans la
préſente figure une pièce ſemblable à un *Limaçon nageant* ou à une *Nerite
comprimée,* où les contours n'ont pas été conduits à leur perfeƈtion, mais
ſont demeurez ouverts du côté de l'embouchure, ce qui rend cette co-

Quatrième Partie.　　　　　　　E　　　　　　　quille

quille abfolument pareille à une *Oreille de mer*, avec cette unique diférence, qu'on n'y voit point de trous à jour comme aux *Oreilles marines.*

Quoique nous ne foyons pas bien décidez fur l'efpèce à laquelle ce Limaçon doit être proprement rangé, nous croyons cependant en confultant fa figure extérieure ne pouvoir le placer mieux que parmi les UNIVALVES DE FIGURE TORSE.

Fig. 6. Ici fe préfente une coquille des plus mignonnes du genre des *Casques* de couleur gris-blanche. On y obferve au haut du contour des côtes un peu élevées, & le bord de l'embouchure eft garni d'un bourrelet épais. Ce qui décore particulièrement cette pièce ce font des points noirs difpofez en rangées de loin à loin, & cela nous détermine à l'apeller le LIMAÇON A POINTS.

Fig. 7. Enfin, nous voyons ici encore une PETITE PORCELAINE A GRAINS DE RIS, ou POUX DE MER dont nous avons dejà vû la pareille fur la Planche qui précède celle-ci, fig. 2. La diférence entre les deux eft que la précèdente étoit brune, & avoit des grains blanchâtres, au lieu que celle-ci eft blanche & que fes grains font jaunâtres. On voit fur le dos une profonde canelure, qui provient vraifemblablement d'une addition de la coquille. Non feulement l'embouchure eft dentée, mais on remarque auffi en bas fur toute la fuperficie inférieure une grande quantité d'entailles élégantes.

PLANCHE XVIII.✳✳✳

Fig. 1. Dans la feconde Partie, Planche XXV.✳ fig. 1. nous avons vû une *Moule de Nacre de Perle* des *Indes orientales émoulue*, & fur la même Plance, fig. 2. & 3. on a produit une Moule pareille des *Indes occidentales* avec fa peau. Ici nous en voyons une autre efpèce des *Indes orientales*, qu'on apelle l'OREILLE DE CHIEN, & que la préfente figure dépeint avec fa peau. Cette peau extérieure eft compofée d'anneaux membraneux, couchez l'un fur l'autre, à la façon d'écailles de Poiffon, mais qui ne fe terminent pas en crocs ici comme à d'autres coquilles. La couleur de la peau

eft

Ex Museo Mülleriano.

J. C. Keller ad nat. pinxit.   Val. Bischoff sculps.

eſt gris-brune entremêlée de verd. Des rayons blancs qui partent de la fermeture vont de toutes parts ſe terminer à la periphèrie. La coquille eſt épaiſſe, & presque formée en *aſſiette*, excepté que d'un côlé près de la fermeture il paroit une entaille. Le dedans de la coquille eſt de la Nacre de perle dans les formes. Auſſi l'animal habitant de cette pièce eſt-il fourni de trés-belles perles. Nous en avons parlé plus amplement dans la ſeconde Partie.

Fig. 2. Ceci eſt la Coquille qu'on nomme la SELLE ANGLOISE. Elle vient des *Indes*. Une circonſtance ſingulière nous a engagé à en faire tirer la figure que nous préſentons ici à nos leſteurs. C'eſt qu'on trouve en haut près de la fermeture, là où l'on voit la petite étoile, une produſtion marine particulière, crue dans & entre la coquille, laquelle fournit matiè-re à des obſervations curieuſes. Cette produſtion marine dont nous pré-ſentons ici la figure ſéparément marquée d'une étoile pareille, eſt un Po-lype, qui apartient au genre des Etoiles marines, en particulier à l'eſpèce, qu'on déſigne par l'épitéte d'arboreſcentes, (*) ou par le nom de *Têtes de* (*) *qui croit en forme d'arbre.* *Meduſe*. Cet animalcule eſt d'une eſpèce tout à fait ſingulière, puisqu'on y remarque à chaque articulation un nouveau petit corps rond, de ſorte qu'il paroit être compoſé d'un trés-grand nombre de petites étoiles ſim-ples, lesquelles ne ſont jointes enſemble que par leurs bras ou rayons, & qui priſes toutes enſemble forment une étoile unique en forme d'urbre. Mais comme dans le préſent ouvrage il n'entre pas dans nôtre plan de nous arrêter à des produſtions de cette catégorie, nous nous contenterons d'obſerver en géneral que cette pièce ſert de démonſtration claire que les coquilles des Moules ne reçoivent pas leur accroiſſement du dedans, mais de dehors; la preuve en eſt, que cet animalcule s'étant d'abord attaché ſur cette huître dans la figure d'un ver, s'eſt trouvé ſurpris par le ſuc que rend la coquille, dont il n'a plus pû ſe dégager, parce que le ſuc en ſe durciſſant l'a ſaiſi. Claquemuré dans cette priſon comme un pauvre captif, le Ver n'a pas laiſſé de vivre encore quelque tems, ce qu'on peut juger par la quantité de petits trous qui paroiſſent ſur le deſſus de la coquille & qui repondent à chaque articulation de l'animalcule, lequel ſans doute a

E 2

cher-

cherché par là à fe conferver, foit en tirant de ce côté quelque nourriture, ou à fe donner de l'air autant qu'il a pû par les embouchures nom-
breufes qui fe trouvent dans cette partie. Puis donc que la même coquille
eft abfolument unie en dedans, où l'on ne remarque aucun de ces petits
trous, on en peut conclure avec certitude que le Polype dont il s'agit n'a
eu aucune entrée dans l'intérieur des coquilles, & s'eft attaché au dehors.
De favoir comment ces coquilles d'huitres reçoivent leur accroiffement par
dehors, cela forme une autre queftion.

Nous eftimons que l'habitant de ces pièces couvre entiérement fon
habitation du fuc, qui fort abondamment de fes pores de tous côtez, &
rend la furface gliffante, comme cela arrive à d'autres animaux. Or l'eau
de la mer durcit ce fuc, comme elle durcit d'autres corps liquides, tels
que l'ambre jaune, la pierre d'once, le fuccin, &c. L'animal prend donc
dès - le prémier moment de fon exiftence une coquille dure, qui envelope
fon corps. Cependant le mouvement de l'animal & l'affluence continuelle
du nouveau fuc empêchent l'accroiffement intérieur, excepté à l'endroit
où les nerfs de l'animal font attachez, & l'habitant de ces coquilles fe don-
nant du mouvement de tous les côtez & avançant fa barbe, elles
demeurent néceffairement ouvertes ou béantes. Enfuite le fuc de
l'animal continuant à pénètrer à travers la coquille, & ce qui a paffé fe
durciffant de nouveau au deffus de la prémière écorce, cela forme de
nouvelles feuilles, à peu près comme l'eau & les vapeurs pénètrent en hi-
ver la glace, & l'épaiffiffent en haut. Il s'enfuit de là que lorsqu'un foible
Ver de mer fe pofe fur une coquille, il y eft pris néceffairement, & en-
velopé dans ce fuc, lequel en fe durciffant ajoute toûjours quelque chofe
à la fubftance de la coquille, tout comme un corps, que l'on pofe en hy-
ver fur la furface de la glace, s'y incorpore peu à peu, & fe trouve fucceffivement placé au milieu.

A l'égard de la conformation de cette huitre, nous nous referons à
ce que nous avons dit ci-deffus Part. II. Pl. XXIV.* fig. 1. au fujet d'un
plus petit individu de cette efpèce, à quoi nous ajouterons feulement ici
que la préfente pièce eft plus épaiffe & plus forte, & que fon bord eft un
peu

P.IV.
XIX.*** 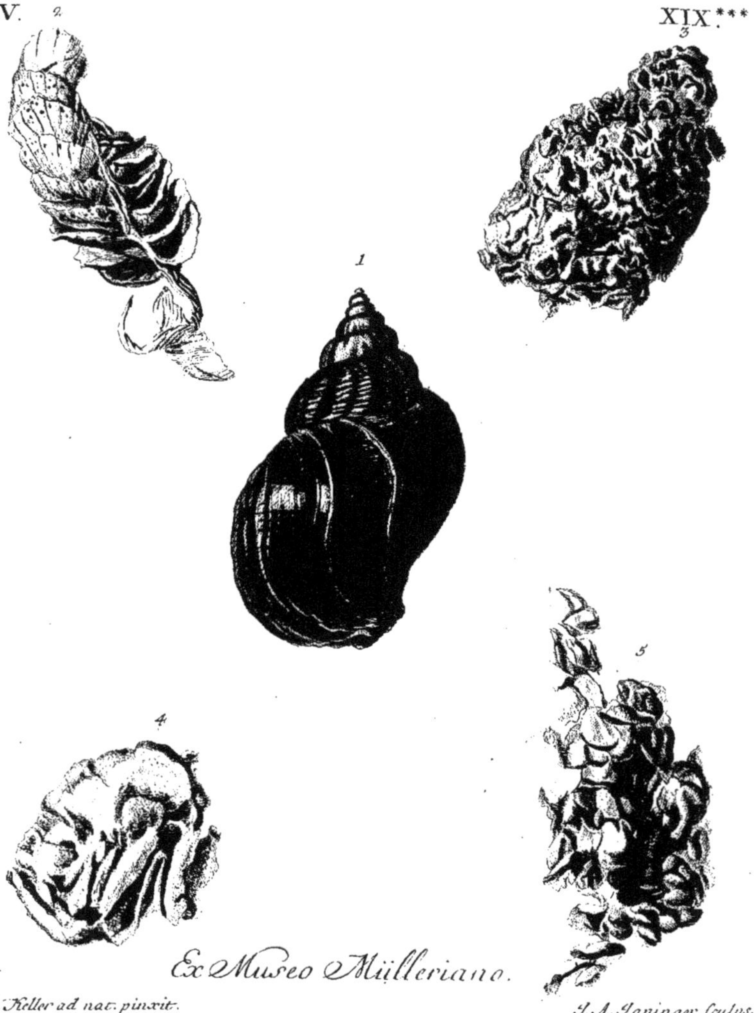
Ex Museo Mülleriano.
I. C. Keller ad nat. pinxit.
I. A. Ioninger sculps.

peu coloré de rougeâtre. L'habitant de cette coquille eſt formé d'un petit nombre de lambeaux de chair couchez l'un ſur l'autre, où l'on rencontre quelquefois des perles. Cette chair eſt d'un goût excellent. Il ſe trouve de ces pièces dans quelques Collections dont les feuilles ſont rondes, minces, transparentes, & brillantes comme la nacre, qu'on déſigne particulièrement par le nom de *Moule à vitres*, & cependant ce n'eſt autre choſe que la même coquille qu'on apelle *Selle à l'Angloiſe*, qui s'effeuille comme la pierre ſpéculaire, & qu'on coupe en rond avec des ciſeaux. Les Chinois en font réellement des vitres.

PLANCHE XIX. ***

Fig. 1. Cette figure préſente un BUCCIN BLEU qu'on trouve abondamment aux rivages des Païs-bas, & particulièrement de l'Isle d'Ameland. Cette pièce eſt abſolument formée comme les *Buccins en Trompette*. On y remarque ſur les contours du haut en bas des côtes élevées & courbes, & en travers une très-grande quantité de rides. La couleur bleuë pénètre la coquille de façon que l'intérieur de la coquille en eſt teint. On en a de la même eſpèce qui ſont blanches, cendrées, jaunâtres, ou brunes. Ordinairement l'extrèmité en eſt blanche, brillante & unie, quand les pièces ſont colorées.

Fig. 2. On voit ici, & aux trois figures qui ſuivent, quatre ſortes de FRAI DE LIMAÇON, ou quatre OVAIRES, déſignez dans RUMPH par le nom latin de *Melicera*, ou de *Favago*. La manière, dont ſe fait la génèration de ces animaux, eſt un miſtère encore caché ſous d'épaiſſes ténèbres. On ne peut rien décider à cet égard faute d'Obſervations. Cependant nous ne laiſſerons pas de produire quelques eſpèces de ces Ovaires puisque l'occaſion s'en préſente.

La figure de celui-ci ſe voit en un *Buccin de Virginie* formé en *bouteille*, qui eſt proprement une eſpèce de *Figue*.

Cette pièce eſt compoſée d'un très grand nombre de petits plats couchez l'un ſur l'autre, qui ſont tous attachez à un cordon, & dont le bord

E 3

eſt

est proprement polygone. Vraisemblablement ces petits plats servent à recevoir le frai, ou les petits Limaçons, qui y croissent, & c'est comme leur berceau ou la matrice dans laquelle ils se forment.

Fig. 3. Le présent *Frai* consiste en une très-grande quantité de petites vessies singulièrement entremêlées, & jointes l'une à l'autre par des articulations. Ces petites vessies sont formées comme des bourses, à chacune desquelles on remarque un petit trou qui a servi aparemment d'issue au petit Limaçon. On trouve cette espèce dans des *Lunaires.* Cependant il n'est pas certain que tous les *Limaçons en Lune* ayent un frai semblable, ou des ovaires construits de même. Ce que nous sçavons c'est qu'on tire de la mer toutes sortes d'espèces d'ovaires, figurez en lambeau, en floccon, en frange, dont on ne sçavoit autrefois ce que c'étoit, & qu'on negligeoit, comme ne méritant aucune attention. Il est de même conu qu'il y a assez de Limaçons dans lesquels il ne se trouve point d'ovaire pareil, & qui posent leurs oeufs à découvert sur le rivage, sur des rochers, sur le sable, & très-souvent parmi les champignons qui se trouvent dans la mer. Ainsi il est dificile de décider à cet égard quelque chose de précis, jusques à ce que de nouvelles observations nous ayent donné plus de lumières.

Fig. 4. L'*Ovaire* de Limaçon que la présente figure dépeint est d'une forme encore plus élégante. Ce sont de larges lambeaux fins & frisez plissez les uns sur les autres, comme des manchettes, qui par en bas sont tous liez les uns aux autres. Ces lambeaux sont très-minces, & couverts de petits creux, lesquels sans percer de part en part les font ressembler, à des dentelles à jour finement travaillées. On a vû un ovaire d'espèce pareille au *Buccin bleu,* qui a été produit sur cette même Planche, fig. 1.

Fig. 5. Voici enfin encore un autre espèce d'Ovaire dont RUMPH a donné une description, & qu'il prétend être du *Limaçon en Chauve-Souris.* Il est à observer que selon cet Auteur aucune de ces masses ne doit être qualifiée d'*ovaire.* Son opinion est qu'elle ne doivent être regardées que comme une excrescence, causée par une afluence excessive du suc-nourricier, d'où selon lui cette excrescence se forme dans de certains tems de

l'an-

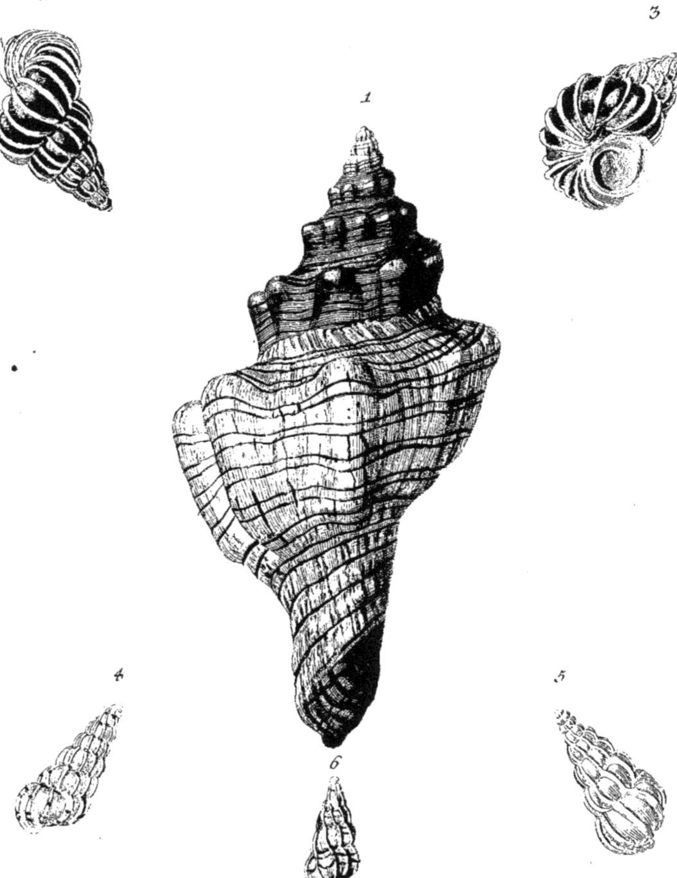
2
3
1
4
5
6
Ex Museo Schadeloockiano.
J. C. Keller ad nat. pinxit.
Val. Bischoff sc.

l'année, fans autre caufe que l'abondance de la nourriture. Mais ce fentiment eft combattu par la conformation de ces pièces, quand on les obferve avec attention. Car toutes leurs parties font autant de petites veffies figurées comme des pois, attachées l'une fur l'autre & par les côtez, qui ont tous leurs traits, & chacune fa petite ouverture ; joignant à cette confidération la remarque fondée en fait qu'elles font voutées d'un côté & un peu aplaties de l'autre, qui eft celui de l'ouverture, & que d'ailleurs l'intérieur en eft vuide, on en inférera avec beaucoup de vraifemblance que ces petites veffies ne font pas de fimples excrescences, mais des vafes ou des refervoirs deftinez par la nature à recevoir & à conferver le frai ou les oeufs du Limaçon.

PLANCHE XX. ***

Fig. 1. Cette figure préfente un LIMAÇON A BOSSES ET A BANDES ou, en Hollandois, *gebande Knobbel Hoorn*, de l'efpèce des Limaçons en forme de poire. La coquille en eft afsés pefante, elle a fur le bord de l'entortillement, des boffes relevées, qui en dedans font cavées, & qui doivent être confidérées comme des continuationl d'élevations, que la coquille a. Il paroit fur la coquille qui eft d'un blanc de neige lors qu'elle eft netoiée de 'fa prémiére peau brune, des lignes d'un brun noirâtre, qui s'etendent toujours en paires, du côté des contours, & que l'on voit clairement en dedans, là ou la coquille eft blanche.

Fig. 2. & 3. Entre les *Escaliers à caracol bâtards*, il n'y en a aucun qui, vû fes contours larges & ventrus, aproche plus de *l'escalier à caracol veritable*, que celui-ci ; cependant, il y a toujours une grande différence dans la conftruction de la coquille, comme nous avons déjà eu occafion de le remarquer. La coquille eft rougeâtre, & les crampons font blancs. Cette coquille eft un peu rare.

Fig. 4. 5. & 6. Nous voions encore ici quelques anomalies de *l'efcalier à caracol bâtard*, qu'on trouve en afsès grande quantité dans les rivages Européans, & qui, pour la plûpart, font tout à fait blancs. Quelquefois
ils

40

ils font environnés de lignes interrompues, comme on le voit à la partie inférieure de la coquille que repréfente la figure quatrième.

PLANCHE XXI. ***

Fig. 1. Ce *Limaçon en tuyau*, appartient à l'efpéce des PRIAPES DE VENUS. Il eft connu que les coquilles en tuyau font formées de différentes manières, & différent beaucoup non feulement en épaiffeur, mais auffi dans la conformation & l'arrangement. La coquille eft plus calcaire & n'a point de lnftre; quelquefois cependant il fembleroit qu'elle eut été emoulue. Selon toute apparence ce tuyau eft une pièce de celles qu'on apelle Sifflets de fable, ou Boyau de vache, qui confiftent en trois & quelquefois en davantage, de pièces qui s'emboitent l'une dans l'autre, & qui fe terminent à la pointe la plus mince en un tuyau double. L'animal qui habite cette coquille confifte en un morceau de chair de la forme d'un ver que l'on mange aux *Indes*. Avec le bout large de la coquille l'animal eft enfoncé dans le fable, & la pointe étroite avance dehors, d'où fort quelquefois de l'eau qui s'élève à une hauteur confidérable.

Fig. 2. & 3. Ces deux efcargots, qui, à la vérité, paroiffent différens fur la planche où ils font deffinez, mais qui font cependant de la même efpèce, paroiffent former une Claffe moienne entre les *Coquilles en cone* & les *Cylindres* ou *Rouleaux*. La conftruétion des contours fupèrieurs revient à celle des Rouleaux, & les planures qui avancent au prémier contour, femblent la faire approcher beaucoup des coquilles à cone ventrues. Les coquilles ne deviénnent pas de beaucoup plus grandes, elles font fort unies & brillantes, font épaiffes & ont à la bouche un bord renverfé.

Fig. 4. Ce petit *efcargot lunaire dont les contours font applatis*, appartient aux *Mignatures*. La Coquille eft de la nature de la nacre de perle, & brille çà & là au travers de la peau rougeâtre.

Fig. 5. On peut auffi compter parmi les *Mignatures* ce PETIT NERITE A CÔTES. La bouche brille d'un éclat argentin, & fur les contours en dehors, font repandues des flammes vertes. Ces deux efpèces deviennent confiderablement plus grandes.

Fig. 6

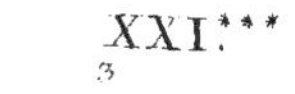

Ex Museo Schadeloockiano.

J. C. Keller ad nat. pinxit.

Val. Bischoff sc.

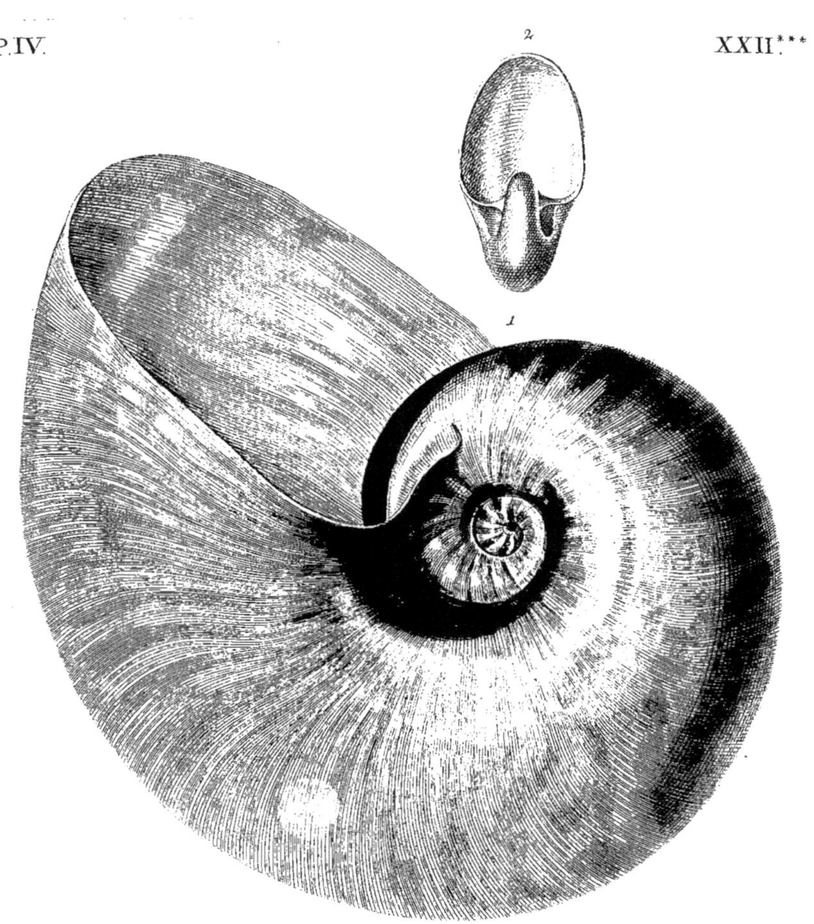

Ex Museo Schadeloockiano.

J.C. Keller ad nat. pinxit.										Andr. Hoffer sculps.

Fig. 6. Nous avons déjà confidéré quelques belles efpèces de *Buccins*, fur tout de ceux qui ne deviennent pas fort grands.   Celui que cette figure repréfente, & qui eft joliment deffiné, a, fur un fond rougeâtre, des fafcies blanchâtres mélangées de taches d'un brun rouge.   La coquille eft affez forte, unie en dehors, un peu dentée à l'embouchure, & là, d'un jaune fâle.

Fig. 7. On voit encore ici un efcargot dont la coquille a une apparen‑ ce équivoque.   Eu égard aux contours qui s'etendent en hauteur, il femble qu'elle apartiendroit à l'efpèce des *Strombes.*   Mais, la forme ventrue des contours, & la manière en laquelle ils fe ferment l'un dans l'autre, & prin‑ cipalement la pointe émouffée en laquelle ils fe terminent au deffous de l'embouchure, montrent, qu'elle appartient au genre des *éguilles émouffées.* La coquille eft d'un gris‑blanchâtre, & a des taches brunes & des flammes qui s'élevent en raïes.

PLANCHE XXII. ***

Fig. 1. On a accoutumé dans le Régne mineral de diftinguer les *Nau‑ tiles* & les *picrres d'Ammon*, entr'autres en ceci, que dans les pierres d'Am‑ mon, les contours font à decouvert, au lieu qu'aux Nautiles ils font cou‑ verts.   En conféquence, il faut que cette fuperbe & rare cóquille, qui eft repréfentée fur la prémière figure de cette planche, foit une efpèce de CORNE D'AMMON, & point un *Nautile.*   Car puis que les contours des Nauti‑ les ne font point à decouvert, comme il paroit par les pièces de ce genre, préfentées dans les parties precedentes de cet Ouvrage, c'eft tout au moins une rareté que de pouvoir les confidérer ici nuds & à decouvert.   On fçait de plus que, jusques à cette heure, on n'a point encore trouvé de *Cornes d'Ammon* naturelles & non pétrifiées, & que l'animal que cette coquille ren‑ ferme, habite vraifemblablement dans les profondeurs de l'Océan que jus‑ ques ici on n'a pas pu fonder, d'où il faudroit que cette coquille eut été élevée par le Déluge, & eut été peut‑être jettée avec le fond de la Mer: c'eft pourquoi, fur ces fondemens, on ne confidérera pas d'abord la pré‑ fente coquille comme une *Corne d'Ammon*, & on ne la tiendra pas pour tel‑ le.   Mais il eft connu que les Auteurs confidèrent les *Cornes d'Ammon*, com‑

Quatrième Partie.   F   me

me une efpèce de *Nautile*, & que dans l'une & l'autre efpèce il y en a *de chambrés*, & d'autres qui ne le font pas. Chaque efpèce a beaucoup de fous-efpèces, comme il paroit du moins par les petrifications. Nous tenons donc la préfente coquille pour étre un *Eſcargot à corne d'Ammon*, qui eſt la prémjère fous-efpèce qui vient après le vrai *Nautile*. Sa coquille, fa politure, fon éclat de Nacre de perle, & fes flammes verdâtres le font beaucoup aprocher du *Nautile*, par la proportion du prémier contour avec les autres, qui fe trouvent être ceux de la conftruction du *Nautile épais*. Mais l'embouchure ne fort pas autant qu'au *Nautile* & les contours font à decouvert. C'eſt par cette double raifon, que nous comptons cette coquille entre les *Cornes d'Ammon*, & que nous la regardons comme une pièce rare. On l'apelle une *Corne d'Ammon*, & parce que ci-devant on fe fervoit de cette efpèce de coquilles, dans le Culte que l'on rendoit à ιυριτεκ-αmmon, & à raifon de fa figure.

Fig. 2. Comme toutes les perfonnes qui aiment & raffemblent ces planches qui leur préfentent diverfes fortes de coquillages, ne font pas en état de fe faire l'idée la plus claire de chaque deffin, on a voulu prefenter une feconde fois, en petit, & dans une autre *pofiture*, la Corne d'Ammon décrite ci-deffus, fçavoir, de la manière en laquelle l'embouchure fe préfente quand on tient la coquille droite devant foi, & qu'on regarde dedans. La bouche eſt épaiffe & grande près des contours, & petite, à l'extremité oppofée. Du côté de la quille ou du fond, l'etendue de l'em_bouchure fe retrècit proportionnellement & fe perd dans l'arc du contour. En dehors l'efcargot a au milieu du contour une petite ouverture percée à jour que l'on apelle le trou de l'umbilic. On n'a pas orné de couleurs vives cette coquille repréfentée en petit, parce qu'on n'auroit pu exprimer les beautés qui y éclattent, puifque même les couleurs avec lefquelles la figure prémière eſt enluminée, ne font qu'une foible & bien imparfaite imitation des beautés de l'inimitable Nature, qui, non feulement ne fauroient être furpaffées, mais qui même ne pouroient étre exprimées par les plus grands & les plus habiles Artiſtes.

PLAN-

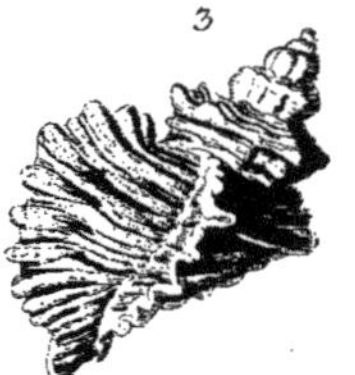

Ex Museo Schadeloockiano.

J. C. Keller ad nat. pinxit.   Val. Bischoff sc.

PLANCHE XXIII. ✱✱✱

Fig. 1. On apelle communement LIMAÇONS A GRELOTS OU A VES-
SIES ces efcargots minces & en boule. Quelques uns ont une forme oblongue on longuette; on leur donne le nom de *Nacelles* ou *Gondoles* lorsque
leur embouchure eſt grande, mais lorsque l'embouchure n'eſt pas grande,
on les nomme *Escargots en oeuf*. Et même leur figure diffère quelquefois à
un tel point, qu'à la fin, ils perdent les marques caractériſtiques de leur
Claſſe. C'eſt à cette catégorie que l'on peut ranger le préfent ESCARGOT EN
OEUF, qui eſt moitié *Porcelaine*, & moitié *Rouleau*, & qui de plus, contre la
coutume des Limaçons à grelots a à l'embouchure *une Lèvre renverſée*. Sa fuperficie unie eſt couleur *de fleurs de pommes*, & il a plufieurs jolies fafcies
étroites.

Fig. 2. Cette TOUPIE eſt dans fa forme naturelle, lorsqu'elle eſt encore revetue de fa croute calcaire, d'un blanc jaunâtre, avec des bandes
bleues. Sous la croute paroit un éclat de nacre de perle laquelle fe fait
diſtinguer dès qu'on l'a tant foit peu depouillée & emoulue, comme on
peut le voir à la figure. C'eſt pour cela qu'elle porte le nom de TOUPIE
DE NACRE DE PERLE. Les contours font un peu encochés au bord, en
haut & en bas.

Fig. 3. La coquille repréfentée ici eſt un petit MUREX de ROCHER
OU PIERREUX, en Latin *murex faxatilis*. Le premier contour a des plis
fort épais ou profonds, & les autres contours fortent extraordinairement
haut. En haut, au deſſus du premier contour, on voit des pointes émouffées, où étoit la vieille embouchure de la coquille, à laquelle le limaçon a
continué d'ajouter de nouvelles habitations. La coquille eſt blanche, &
dure comme du marbre, excepté que, on voit encore dans les rides une
peau fangeufe jaune, qui s'y tient généralement attachée.

Fig. 4. Cette figure repréfente une belle PETITE TOUR A CÔTES,
qui eſt remplie de fines petites rides en travers. Les côtes qui defcendent
en ongeur font fort élevées, & plattes en haut, de manière cependant, que
les raies qui font entre les côtes paſſent par deſſus celles-ci, & font dif-

F 2

féren-

44

férentes encoches, ce qui fait paroître les côtes, comme fi elles étoient grainées. La couleur eft jaune-brunâtre.

Fig. 5. Cette *petite Tour* eft apellée LA PETITE TOUR RIDE'E, par-ce qu'il femble qu'elle ne confifte en autre chofe qu'en rides entaffées les unes fur les autres. Les contours ont des élévations en forme de côtes, qui font que la coquille paroit avoir plufieurs coins; & comme les rides s'étendent encore au deffus des élévations, elles y font une forte pointe, qui fait que la coquille paroit comme fi elle étoit hériffée de fins éguillons. La ftructure de la coquille eft la même que celle de la précèdente, & ne diffère pas beaucoup de celle des Buccins. Ces deux fortes de petites Tours ne deviennent guères plus grandes.

PLANCHE XXIV. * * *

Fig. 1. Ce *Buccin à coquille mince* eft apelle par les Amateurs LA COR-NE DE POURPRE, mais il faut bien le diftinguer de la *coquille de pourpre* qui apartient au Genre des *murices*, ou, *coquilles à aiguillons*. L'animal qui l'ha-bite a une chair rougeâtre, qui colore intérieurement toute la coquille; de la vient, que l'endroit de l'embouchure où l'animal entre & fort conftam-ment, paroit comme etant tout en feu, ou, d'un rouge de pourpre, com-me on peut le voir à la figure, à caufe des differentes couches de ce fuc rouge, qui fe durciffent continuellement l'une fur l'autre. On a plufieurs efpèces de cette coquille, qui, dans les deffins qu'on en donne paroiffent être différentes, & qui, par cette raifon on reçu des noms particuliers; comme, les blanches avec des ondes larges, brunes ou rougeâtres, d'au-tres, à ondes étroites & à flammes, & dont on a déjà donné des repréfen-tations & des defcriptions dans cet Ouvrage. Celle-ci eft au premier con-tour d'un beau bleu. Les autres contours font rouges, parce que la cou-leur de l'animal a pénètrè au travers de la coquille qui eft tendre.

Fig. 2. Cette *Came* ventrue apartient au genre apellé COQVILLES DE VENUS UNIES. Elle eft à côtez inégaux, & fa coquille blanche eft ornée de raies brunes. Son derrière avance avec une élevation, ce qui n'eft pas ordinaire aux coquilles de cette efpèce.

Fig. 3.

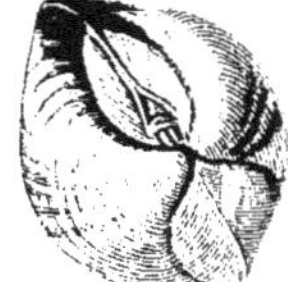

2

3

1

4

5

Ex Museo Schadeloockiano.

J.C. Keller ad nat. pinxit.

Val. Bischoff sc.

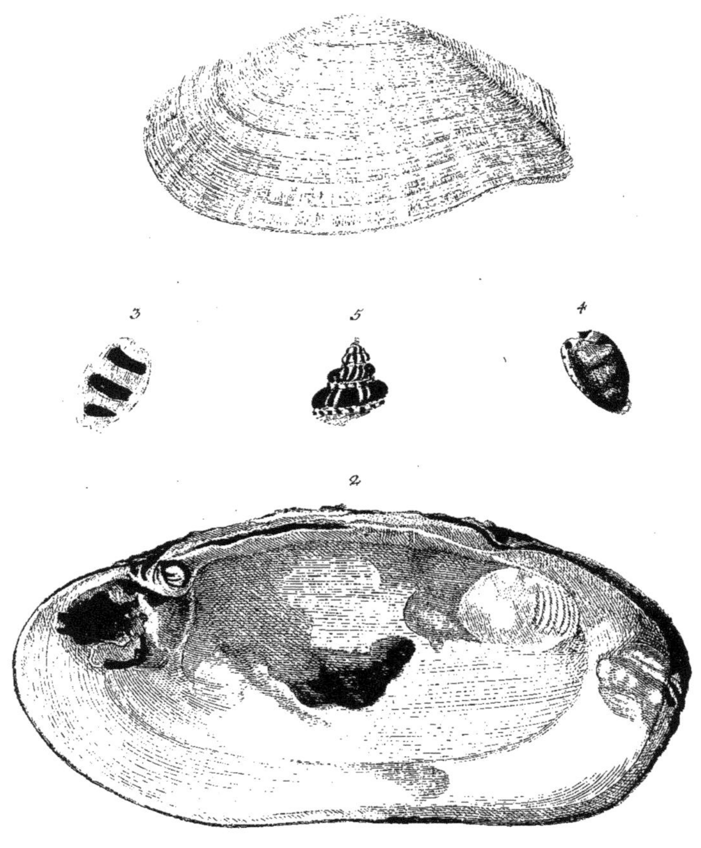

Ex Museo Mülleriano.

J. C. Keller ad nat. pinxit.   J. A. Jeninger sc.

Fig. 3. La préfente Moule eft auffi de même une *coquille de Venus*, fur-nommée I.A MOULE A COTES, parce que les coquilles font garnies de côtes fort élevées & aigues. On l'apelle auffi LA VIEILLE, parce que les côtes reffemblent à des rides. Elles font ordinairement blanches, ou gris de cendres, &, quelquefois feulement, elles font ornées de taches oblongues noirâtres ou brunes.

Fig. 4. Cette coquille apartient à l'efpèce des petites Porcelaines, qu'on nomme *Cauris* ou l'ECU. Elle eft blanche, a au milieu une groffe boffe, autour de laquelle d'autres plus petites s'élévent dans le large bord. Ces coquilles font cette fameufe petite monnoie dont on charge des vaiffeaux entiers des *Isles Malouïnes* à *Bengale* & à *Siam*.

Fig. 5. Entre les petites Porcelaines il y en a auffi quelques unes qui ont fur le dos des petits grains. C'eft à cette efpèce qu'apartient la coquille repréfentée dans cette figure, qu'on nomme LA PORCELAINE A GRAINS DE RIS, & qu'on doit diftinguer de *la Porcelaine à grains de fel.* Elle eft de couleur rouge tirant fur le brun. Il y en a auffi de la même efpèce qui font blanches ou bleues.

PLANCHE XXV. ***

Fig. 1. La préfente Moule eft une *Telline*, ou, COQUILLE EN ASSIETE' A RAYONS. La coquille eft mince comme à toutes les Tellines, mais un peu plus large que d'ordinaire, & d'un côté de l'efpèce des *coquilles en jambon*, c'eft à dire, un peu recourbée & plus étroite. De la fermeture defcendent plufieurs raïons rougeâtres fur les coquilles fur un fond blanc, & en dedans les deux coquilles font toutes blanches. On trouve auffi de ces Moules rouges avec des raïons jaunes ou blancs. Elles ne font pas fort ventrues, mais elles font plattes, ce qui fait que la Moule même ne confifte qu'en une efpèce de *lambeau* ou lèvre platte, qui eft coriace & n'eft pas mangeable. On les trouve près d'*Amboine* fur les rivages des Isles voifines.

Fig. 2. Nous pouvons compter auffi entre l'efpèce des *Mufcles* ou *Mitules* une forte qui diffère à la vérité en quelque chofe quant à la forme,

F 3

mais

mais qui, quant aux coquilles & à la moule qui y eft renfermée, revient au même. Nous entendons ces moules que l'on trouve dans les Marais & les eaux douces, dont la fermeture eft environ au milieu, au lieu qu'aux Mitules ordinaires elle eft au bout. C'eft à la même efpèce qu'il faut auffi entr'autres rapporter les *coquilles* qu'on nomme *du Peintre*. La couleur des coquilles eft en dedans blanc-bleuâtre, & en dehors noire ou brune, & au deffous de cette couverture elles font bleuâtres & tiennent de la Nacre de perle. De même auffi que les *mitules* ordinaires, ou *moules à coin* renferment fort fouvent des perles, on en trouve auffi dans cette efpèce que nous décrivons à prefent, & l'on doit auffi raporter à cette efpèce là la grande moule que l'on tire de *l'Elfter en Saxe* & qui renferme de fort groffes perles, qui ne cédent en rien aux perles Orientales foit en grandeur, foit en beauté. La coquille que notre figure repréfente, en renferme deux qui ne font pas parvenues à leur maturité, & qui font encore attachées; on les a deffinées fur les bords de la coquille. De là on l'apelle LA MOULE A PERLES DE L'ELSTER. Ces moules font rares, parce qu'il eft deffendu fous de févères peines de les pècher.

Fig. 3. 4. & 5. Ces trois mignonnes petites coquilles apartiennent aux *mignatures* ou, à cette efpèce qu'on apelle *Speculatie-Goed*, ou *marchandife prefentant divers objets*. Sçavoir, Numero 3. eft une petite Porcelaine qu'on apelle L'ANON, parce que les trois bandes noires qu'on y remarque reffemblent aux facs que les ânes portent fur le dos; Numero 4. eft une PETITE PORCELAINE BLEUE; & Numero 5. eft une mignonne TOUPIE avec des pointes en Tours, dont les contours confiftent en boffes élevées & oblongues, qui au deffous font environnées de fafcies raïées rouges & blanches.

PLANCHE XXVI. ****

Fig. 1. Il y a plufieurs fortes & plufieurs anomalies des *Cornets blancs à taches jaunes.* Ils apartiennent bien en gros au Genre des *Cornets en gateau au beurre*, mais, vû leur variété, on leur donne des noms différens. Celui qui eft deffiné fur cette prémière figure, porte le nom de TIGRE BLANC. La coquille eft blanche comme neige, & ornée de quelques rangées de taches

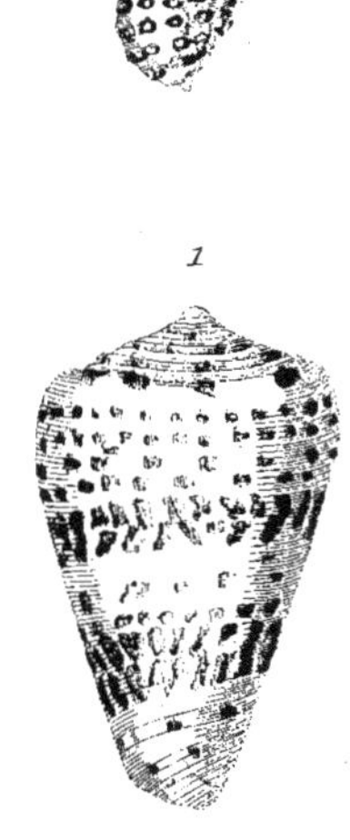

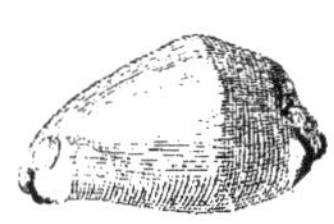

Ex Museo Schadeloockiano.

J. C. Keller ad nat. pinxit.　　　　　　　　　　　Val. Bischoff sc.

ches jaunes, qui, fur quelques unes tirent fur le brun, & qui font plus ou moins régulières. Ces fortes de Cornets font généralement affez larges, & ont une coquille épaiffe & dure.

Fig. 2. Cette coquille tient aux *Mignatures*, en ce qu'elle eft une co-quille qui n'a pas fait fon crû des LIMAÇONS A GRELOTS A BOSSES, ou en Hollandois, *gekkobbelde Belhoorrn.* Le fond eft blanc, & de petits noeuds jaunâtres & élevés environnent en rangées les contours.

Fig. 3. & 4. Les coquilles que ces deux figures repréfentent, & qui font deffinées ici en en préfentant la partie inférieure & la fupérieure, font d'une beauté rare & d'une ftruêture remplie d'art & élegante. Elles ap-partiennent au Genre des *Toupies.* Le fond eft d'un beau rouge, & par deffus il y a plufieurs rangées de petits noeuds, ou de petites boules de couleur blanche, brune, ou noire, qui font pêle-mêle, ou auffi en raies. On apelle ce Limaçon LE CHAPELET, à caufe de ces rangées de petits grains qui reffemblent à un *Chapelet*, & le LIMAÇON DE PHARAON, par-ce qu'il fe prend dans la mer Rouge. Rarement la coquille devient elle beaucoup plus grande. Le partie inférieure montre le trou de l'Umbilic, l'embouchure jaune, & les rangées de couleurs vives chargées de petits noeuds noirs & blancs.

Fig. 5. Cette figure d'epeint UNE PETITE TOUR A COQUIL-LE E'PAISSE, qui appartient aux *Mignatures.* Elle a des flammes d'un brun rougeâtre fur un fond blanc.

Fig. 6. Cette coquille appartient auffi aux *mignatures* & devient rare-ment plus grande. On l'apelle le BUCCIN A FEUILLES, parce qu'il s'at-tache aux feuilles des arbres qui, aux *Indes*, croiffent fur le rivage. Sa coquille eft mince, & a fur les contours de fubtiles côtes qui font un peu encochées. La couleur eft d'un brun jaunâtre.

Fig. 7. On trouve auffi entre les *Porcelaines* ou *coquilles de Venus*, une petite forte de Limaçons dont les coquilles font conftruites d'une manière particulière, en ce que fur le milieu il y a un bourrelet qui s'élève fur le dos, & aux deux bouts une boffe plus blanche, plus élevée, plus unie & plus brillante, eft enchaffée dans un anneau comme fi c'étoit une perle.

Touté

48

Toute la coquille eft blanche, ce n'eft qu'aux deux bouts qu'il y a une tache rougeâtre. On nomme cette forte de coquille LA IAMBUSSE du Jambus aqueux fauvage. On l'apelle auffi LE DOS ELEVE', LA CITROUIL-LE BLANCHE, & LA PORCELAINE DE PERLE.

PLANCHE XXVII. ✳✳✳

Fig. 1. *L'efcargot en oeuf* repréfenté ci-deffus, Planche XXIII. ✳✳✳ Fig. 1. fe préfente ici dans fon intérieur. On peut y voir clairement que l'embouchure eft fuivant les proportions des *Nacelles* ou *Gondoles*, & que les contours font entièrement cachés comme ils le font aux *efcargots en oeuf.* Le bourrelet qui entoure le bord de l'embouchure, eft auffi paffablement épais par deffous, & diftingue cet efcargot des *Cylindres.*

Fig. 2. Cette *Porcelaine* magnifique & bien digne d'être obfervée, eft apellée la PORCELAINE A ECAILLE DE TORTUE, & on decouvre facilement la raifon de cette denomination. Car les couleurs de cette coquille brillante confiftant en taches de brun foncé, jaunâtres & blanches, qui fe repandent intérieurement pêle-mêle, on n'a pas pu la comparer plus convenablement qu'à de l'écaille de tortue polie. Au refte il faut obferver dans cette coquille une circonftance particulière & qui n'eft pas commune aux autres coquilles de cette efpèce; c'eft que les taches brunes ont une grande quantité de petits points comme des grains de millet, blancs, brillans d'une manière éclattante, qui font attenans l'un à l'autre, qu'on ne peut ôter ni en poliffant ni en émoulant la coquille, parce qu'ils y font profondément imprimés. On trouve quelquefois, il eft vrai, de femblables points fur d'autres coquilles, & il eft à préfumer qu'ils proviennent d'une matière fpongieufe qui s'eft imbibée dans la coquille peut-être encore poreufe, & qui s'y eft durcie. Ce Limaçon eft au refte le plus grand de fon efpèce, a une coquille forte & qui prend aifément beaucoup d'eclat & de luftre. L'embouchure eft de même qu'aux autres Porcelaines.

Fig. 3. La préfente figure confirme que ce n'eft pas la mer feule qui préfente & étale de beaux Limaçons, mais que les Campagnes & les Jardins en
peu-

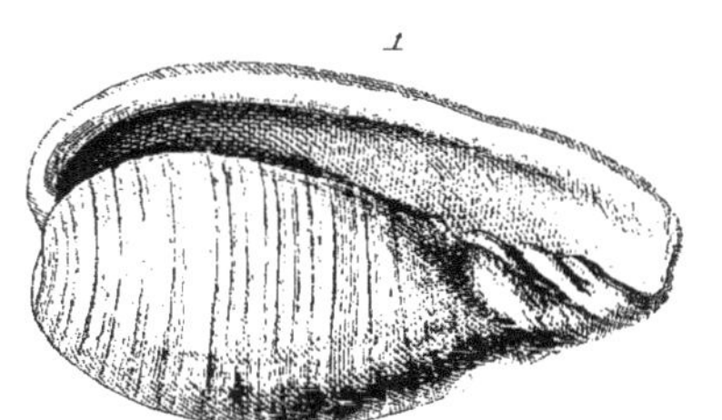

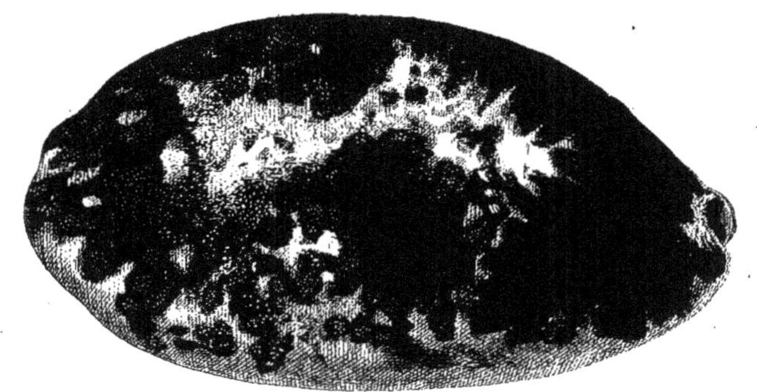

Ex Museo Schadelockiano.

J. C. Keller ad nat. pinxit.   Andr. Hoffer sculps.

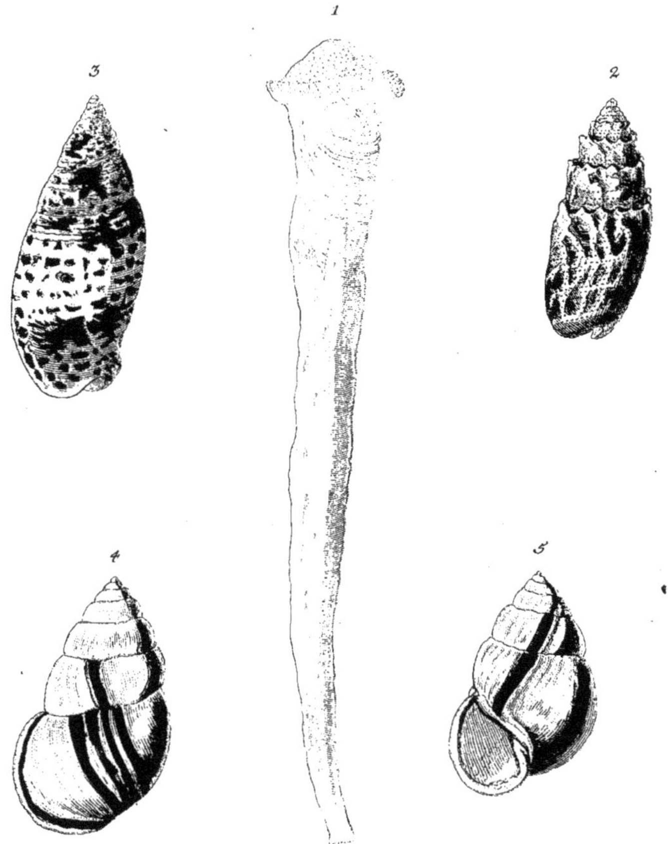

Ex Museo Excell. Dn. M. Houttuyn Med. Doct.
Amstelodam.

G. P. Trautner sculps.

peuvent auſſi montrer de tels, puis qu'elle nous préſente un Limaçon de terre, qui appartient à la Claſſe des Limaçons en lune. Cette coquille a des faſcies jaunâtres picotées de blanc, ſur un fond brun flammé de blanc. Elle eſt mince, & n'eſt ni ſi unie ni ſi brillante que les coquilles des Limaçons de Mer.

PLANCHE XXVIII. ***

Fig. 1. On a vu par l'explication des figures des Planches précedentes qu'il y a une difference réelle entre ces Coquilles nommées *Vermiſſeaux de Mer*, ou, *Tuyaux de Vers*. Celle, que cette figure repréſente, qui, ſelon l'Ordre Syſtématique apartient auſſi aux Vermiſſeaux, diffère beaucoup, non ſeulement des *Tuyaux de Vers* proprement ainſi nommés, qui tous, ſont plus ou moins entortillés, mais auſſi des gros Tuyaux qu'on nomme *Boyaux de Boeuf*, & même de ces Tuyaux qu'on nomme à preſent en Hollandois, *Venus-Schafts*, ou en françois, *Priapes de Venus*. Ceux-ci, ne ſont que des Tuyaux étendus en longeur, & preſque droits, mais celui-ci a de plus une eſpéce de téte, qui fait qu'il aproche encore davantage de la forme d'un Priape proprement dit. C'eſt la raiſon pour laquelle quelques François l'apellent aſſès librement le *Brandon d'Amour*; mais ceux qui veulent ſe ſervir d'une denomination moins indecente, l'apellent avec aſſès de juſteſſe L'ARROSOIR, ou, le PINCEAU DE MER. En effet, ſa tête, comme le dit D'ARGENVILLE, eſt garnie d'une *Fraiſe ou* Frange & d'un Gland percé de petits trous, par lesquels le Ver qui habite ce Tuyau, fait ſortir un grand nombre de fils, qui font, que le tout, lorsque l'Animal eſt dans l'eau, reſſemble fort bien à un Pinceau de Peintre. Lors qu'ón conſidère cependant cette coquille quand elle eſt ſeche & dépouillée du Vermiſſeau qui l'habite, les Hollandois la nomment *Neptunus-Schaft*, c'eſt à dire, *Priape de Neptune*.

Ce que nous avons dit jusques ici conſtate les raports qu'il y a entre ces Vermiſſeaux entr'eux; mais nous devons particulierement remarquer, qu'il y a une aſſez grande difference entre les individus de cette eſpèce. Quelques Arroſoirs ſont courts, d'autres longs; les uns ſont droits, d'autres courbes; il y en a auſſi d'entortillés; la plûpart ſont de couleur preſque

Quatrième Partie.   G   blan-

blanche, comme celui de notre figure; il y en a aussi de couleur pourpre
ou rougeâtre. Quelques uns ont une frange ou fraise fort large d'autres
l'ont fort étroite, ou n'en ont presque point. Celui-ci est des moyens,
quant au dernier article. C'est un des plus longs que l'on ait, mais non
des plus épais. Outre les vestiges des trous qu'on remarque sur son sommet, il paroit à celui-ci une espèce de Visage, ce qui fait un effet assez
plaisant. Ce Visage se remarque dans tous les Arrosoirs reguliers & bien
composés. Il seroit à souhaiter que quelque habile Naturaliste decouvrit
l'usage de cette partie pour le Ver qui habite cette coquille.

Fig. 2. En decrivant la figure première de la Planche VI. de la première partie de cet Ouvrage, on a amplement parlé d'une très-belle coquille de l'espèce des Cornets qu'on nomme *Thiares,* parce qu'ils ressemblent beaucoup à une Couronne Papale. Outre les grandes, il y en a aussi
de petites, comme celle-ci, qui diffère de plus beaucoup d'avec la précedente quant à la couleur. Celle-ci est rouge, avec des veines jaunes,
& de petites pointes qui font un très-bel effet sur la robe.

Fig. 3. On nomme quelquefois la coquille que cette figure représente,
la Couronne Papale batarde ; mais elle apartient cependant plûtôt aux Mitres
Episcopales, quant à sa couleur. On la nomme communement LE CARDINAL.

Fig. 4. et ʃ. La cinquième figure de la Planche XVI. de la première
partie aussi bien que la première figure de la Planche V *** de cette quatrième partie, nous ont fourni des remarques sur une singularité bien remarquable dans les Escargots de l'espèce qu'on nomme en Hollandois *Tops-
lakken,* c'est à dire, des *Limaçons à sommet.* En effet, par leur contours ils
ressemblent à ces Limaçons, mais ils en différent beaucoup par l'élevation
de leur sommet. On les range sous la Classe des BUCCINS, & en françois
on ne leur donne pas d'autre nom. La couleur de citron qui y brille, y fait
un très bel effet. M. d'ARGENVILLE apelle la coquille, de la figure ʃ.
l'UNIQUE, parce qu'elle est gauche, & par cette raison, d'autres la di-
stinguent en l'apellant LA MAL-NOMMÉE. Des bandes fort brunes qui
traversent les contours, augmentent encore la beauté de ces deux pièces.

PLAN-

1

2

4

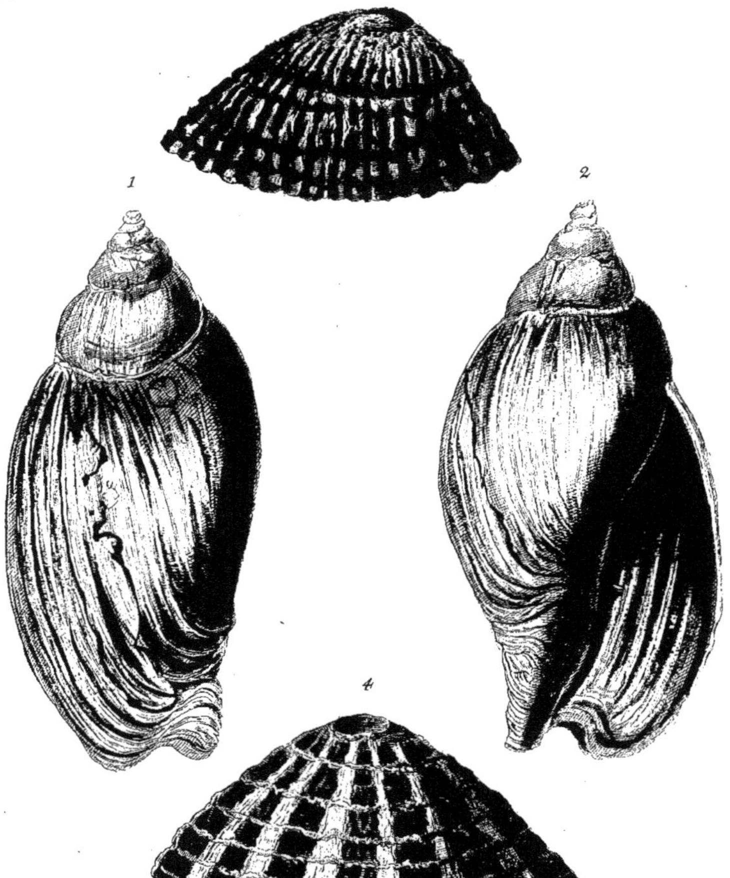

Ex Museo Excell. Dn. M. Houttuijn Med. Doct.
Amstelodam.   Andr. Hoffer sculps.

PLANCHE XXIX. ✳✳✳

Fig. 1. & 2. Voici une efpèce de Buccins, fort fingulière, d'une grande rareté, & très-belle. Ils ont été nouvellement decouverts, & depuis peu d'années feulement aportés des Iles Magellaniques en France, d'où on en a vendu quelques uns aux Curieux de Hollande. Voici le fait. Les François formant il y a fix ans un établiffement dans les *Isles Maloui-nes*, qui font à l'Eft du Detroit de Magellan, y pêcherent des coquillages & en trouverent quelques efpèces fort rares, dont nous avons fait deffiner & enluminer les principales fur cette Planche & la fuivante.

Il n'eft pas neceffaire de dire que ces efpèces étoient ci-devant inconnues à tout le monde, & que pour cette raifon, on a fimplement apellé BUCCINS DE MAGELLAN, la coquille que cette figure repréfente. Par la grandeur de fon premier contour, & la figure de fa bouche, cette coquille apartient fans contredit au genre des Buccins, mais il ne reffemble cependant parfaitement à aucun de ceux qui étoient déjà auparavant connus. Il y a des coquilles de cette efpèce, beaucoup plus grandes que celle de notre figure. Il y en a auffi de la même forme & qui font de beaucoup plus petites, & toutes de la même forme. La couleur eft un jaune rougeâtre ou brunâtre, comme de l'ocre jaune mêlé avec quelques traits de blanc, & des raïes brunes. La figure 1. prefente ce Buccin du côté du dos, & la figure 2. du côté de la bouche.

Fig. 3. La figure troifième repréfente un fort beau LEPAS OU PATELLE DE MAGELLAN, qui n'eft connu que depuis peu, & qui eft resplendiffant comme du bronze à fon fommet qui eft uni, poli & transparent; Mais tout le refte de la circonference eft divifé par des lignes élevées, d'un brun noirâtre, qui s'elevent davantage à mefure qu'elles s'eloignent du centre ou fommet. Entre les plus élevées, il y en a quelques unes qui le font moins, qui font plus courtes & qui rempliffent l'interftice des plus grandes. Elles font couleur de corne & transparentes. C'eft pour cette raifon, que la coquille étant vue de l'intérieur contre le jour, donne un charmant fpeftacle. En dedans, elle eft naturellement couverte d'une na-

G 2

cre

cre de perle fort belle, mais le dehors n'acquiert cette belle couleur que par la politure, lors qu'elle est emoulue.

Fig. 4. La figure quatrième nous offe un *Lepas de Magellan*, fort different du precedent, non feulement par fa couleur, mais auffi par fon fommet qui eft percé d'un trou rond, ce qui en fait une pièce fort finguliére. Sa couleur eft noirâtre, divifée en compartimens par de larges raïes d'un blanc fale. Il y a cependant des coquilles de cette efpèce, qui au lieu dê-tre noirâtres, font en quelque façon pourprées ou rougeâtres, ou tirent fur la couleur de Rofe. Elles ne font pas refplendiffantes ou nacrées en dedans, mais blanches comme la coquille d'un oeuf de poule.

PLANCHE XXX. ∗∗∗

Fig. 1. Comme le caractère principal & diftinctif des Harpes, fe tire de ce qu'elles ont des fillons & des bandes qui les parcourent en longeur, il feroit mieux, à notre avis, de faire fous l'espèce principale des Buccins, à la fuite des Harpes, un nouveau Genre, fous le nom de *Rudolphus* ou de *Conques Perfiques*, qui eft affez connu, & qui contient affez de variétés, comme cela paroit, par cette figure, qui nous préfente un Limaçon très rare, & qu'on achète à grand prix d'entre ceux que quelques uns nomment en Hollandois, *Metaal boorens* & d'autres *Wydmonden*, c'eft à dire, *Cornets à bouche large*, dont il y a une efpèce deffinée fur la Planche II ∗∗ *Fig.* 5. de la III. Partie de cet Ouvrage. Je ne comprens pas, à la vérité, comment quelques Auteurs ont pu placer ce Limaçon dans le genre des *Murex* ou *Rochers*, qui ont une bouche fi étroite. Celui de notre figure pouroit être à plus jufte titre placé entre les *Pourpres* qui ont la bouche à peu près ronde, de même que le premier contour. Ce que cette efpèce à de particulier, c'eft une Dent fort faillante & aigue, qui, dans quelques uns, eft entourée d'un peu de rouge, comme dans ces Nerites qu'on apelle *aux Dents de fang*. A l'exterieur, la coquille a des bandes rondes, élevées à égale diftance, qui entourent toute la coquille, fuivant les marques qu'on voit à la bouche, & s'étendent jufqu'au fommet qui eft presque blanc: à cela près, toute la furface extérieure eft d'un brun foncé. Entre chaque

paire

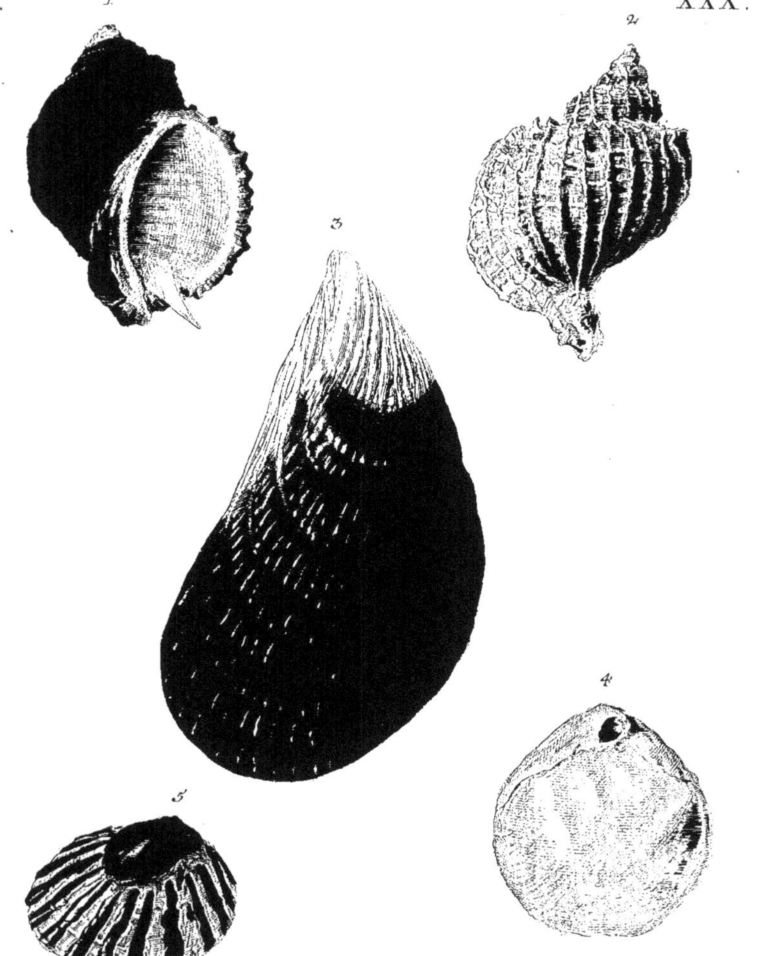

Ex Museo Excell. Hn. M. Houttuijn, Medicinæ Doctoris
Amstelodam.

J.R.Admiral delineavit.   Andr. Hoffer sculpsit.

paire de bandes, il y en a de petites ou minces plus enfoncées, qui reffemblent parfaitement à une corde fort mince. C'eft par cette raifon, que
cette efpèce de Rudolphus pouroit être nommée à jufte titre LA CORDÉE.
Autant que j'en fçais, cette efpèce n'a jamais encore été deffinée dans aucun ouvrage de Conchyliologie, ou qui traite des Coquillages.

Fig. 2. Le Limaçon fort curieux & auffi nouvellement decouvert, &
aporté des Isles Magellaniques, que cette figure repréfente, eft communement nommé *le Buccin feuilleté.* Selon la definition de M. D'ARGENVILLE,
il apartiendroit cependant, auffi bien que le precedent, au genre des Pourpres. Car il a la Bouche ronde, auffi bien que le premier contour. Le
fommet n'eft pas pyramidal, mais un peu plat, & la queue eft courbe;
Caracteres qui, tous, diftinguent les Pourpres ou *Purperhoorens* des Buccins. C'eft pour cela que quelques uns le nomment feulement LE CORNET
FEUILLETÉ. Son caractère diftinctif confifte dans des feuillets qui
vont de haut en bas, & qui s'uniffent à la pointe inférieure, laiffant apercevoir une efpèce de crête au bord fupérieur des contours. Dans les uns
ces feuillets à peu près perpendiculaires à la furface, s'elevent plus, ou font
plus larges; & ce font les plus eftimés. Dans d'autres, la couleur eft plus pâle;
& dans quelques uns, & ce font les plus vifs, elle eft plus foncée, & dans
ceux-ci, elle tire du blanc au verd d'Olive. L'ouverture eft au dedans
d'un pourpre obfcur. Il y en a qui ont deux, & trois pouces de longueur,
& environ autant d'épaiffeur.

Fig. 3. Il y a beaucoup de variétés, quant à la couleur, entre les Moules proprement ainfi nommées, foit entre celles d'une même Cote, foit entre
celles que l'on pêche dans differens Pays. La Planche XV.*** de cette
partie, nous en a fourni des exemples. Quelques unes prennent quand on
les polit & qu'on les émout la plus belle couleur violette ou pourprée, d'autres, un bleu ou un verd fort éclattant. La couleur de celle-ci, eft un
beau violet mêlé de pourpre. Et, outre fa grandeur, par laquelle elle fur-
paffe de beaucoup les autres Moules, dont on a parlé à l'endroit cité, &
principalement celles d'Europe, celle-ci a des rides qui la diftinguent &
l'embelliffent beaucoup. Partant du fommet ou de la pointe, elles s'etendent

G 3

jus-

jusques à la circonférence en longueur; & outre cela, il y a des rides cir-
culaires qui les croifent d'un côté à l'autre. La pointe & la partie du
doublet où eft la charnière font d'un blanc jaunâtre. On les nomme MOU-
LES DE MAGELLAN RIDÉES.

Fig. 4. Celle-ci nommée LA POULE n'eft pas plus commune. C'eft
un vrai Doublet qui a fa charnière proche de la pointe, laquelle forme un
bec qui eft affez large & percé d'un trou rond. Le côté qui s'offre ici à la
vue, eft plus petit & beaucoup plus plat que l'autre, qui feul fait le dit bec
percé. La coquille eft fort mince & légère, d'une couleur jaunâtre fort
pâle par tout. On ne fauroit douter que ce ne foit l'Original des *Terebratu-*
lites petrifiées ou *moules en trou*, qui ci-devant étoient inconnus. On l'a
trouvée aux mêmes Isles.

Fig. 5. Il y a une très grande diverfité entre les Lepas nommés. *Pa-*
telles ou *Moules en plat*, comme cela paroit par ceux qui font déjà repréfentés dans cet Ouvrage. Celui-ci fe fait particuliérement diftinguer par fa
couleur, qui eft celle du Bronze fort éclattant, dont refplendiffent non feulement fon fommet, mais auffi des rayes qui font à la circonférence. Cette
coquille n'eft pas des grandes. On l'a aportée comme toutes les autres que
cette Planche repréfente, des *Isles Malouines*, en France, & de là en Hollande, où elles font à prefent une des plus rares pièces des Collections des
Amateurs de l'Hiftoire naturelle.

* * *

Nous finiffons ici la defcription de nos Planches de Coquillages de la
quatrième Partie, & nous remarquons feulement pour conclufion, que nous
n'avons emploié dans ces defcriptions que les denominations qui font connues & emploiées en Allemagne. La troifième Table prefenterà les autres denominations d'une manière complette.

CON-

CONTINUATION
DE LA
TABLE SISTEMATIQUE
DES
LIMAÇONS & des MOULES
REPRÉSENTÉS
DANS LA
TROISIEME & QUATRIEME PARTIES
DE CET OUVRAGE.

NB. Le Chifre Romain accompagné de deux étoiles marque les Planches gravées de la troifième Partie, & le meme Chifre avec trois étoiles fe raporte aux Planches de la quatrième.

Premier Ordre. *Les Univalves.*

I. Divifion. *Coquilles en Tour Spiral.*

Cochleae contortae in linea fpirali.

I. Efpèce principale. Le Nautile. *Nautilus.*

1. Genre. *Les Nautiles proprement ainfi dits.*

	Planche.	Fig.
Le Nautile de papier à quille large - - } XI***		1.
La Veuve Hongroife - - -		

2. Genre

H

2. Gen-

Le

L'Uni-

2. Gen-

2 Gen-

2. Gen-

II. Efpèce principale. *Patella.* Moules en Plat.

Second Ordre. *Les Moules Bivalves.*

I. Efpèce principale. *Chama.* Les Cames, ou Moules béantes.

I

La

Le

Troi-

Troifième Ordre. *Les Multivalves.*

Le Grillon, Cloporte marine, Pous de balene - XVII***   3. 4.

Mignature.

Marchandife prefentante divers Objets, ou de Speculation,	XII***	4. 5.
Quisquiliæ. (*On apelle de ce nom en Hollande, les diffe-*	XVI***	3.
rentes figures qui font fur les Maffepains, & autres Sucre-	XXI***	4. 5.
ries.)	XXV***	3. 4. 5.
	XXVI***	2. 5. 6.

Meliceræ.

Frai de Limaçon ou Ovaires Melicera, ou de Favago   XIX***   2. 3. 4. 5.

AVANT-PROPOS
À L'OCCASION DE CETTE TABLE SELON L'ORDRE
DE
M. DE LINNÆUS

LA CONSIDÉRATION générale que le célébre Chevalier DE LIN-
NAEUS s'eft acquife par fon *Siftême de la Nature* a fait defirer à la
plûpart des Amateurs des Curiofités Naturelles, de voir tous les Ouvrages de ce genre dirigés et arrangés d'après les nouvelles decouvertes de
ce favant Scrutateur de la Nature. On n'eft veritablement content d'un
Ouvrage qui roule fur les Curiofités naturelles qu'autant qu'il eft dans le
Syftème de LINNAEUS, et c'eft ce goût général qui nous a determiné à
promettre une Table dans l'Ordre et le Siftème qu'a fuivi cet Homme grand
et célébre. Nous étions alors fermement daos l'idée, que ce feroit un travail dont on pouroit s'acquiter fans beaucoup de peine, et nous defirions
même de voir rangés felon ce Siftème les Limaçons et les Moules qui font
decrits et repréfentés dans nôtre Ouvrage. Mais comme nous reçumes
alors avis de la douziéme édition de fon *Siftême de la Nature*, fachants déjà qu'à chaque nouvelle édition de cet ouvrage, ce favant Chevalier fai.

a

foit

foit de grands changemens à l'ordre dans lequel il range les articles qu'il y infere, et qu'il les augmentoit confiderablement, nous avons laiffé cet ouvrage jusques à ce que nous euffions en mains cette douzième édition, et que nous puffions la comparer avec la dixième. Nous commençames d'abord par rechercher les Limaçons et les Moules dont nous avons donné la defcription, en fuivant les courtes defcriptions que M. de LINNAEUS en a données. Mais nous fumes bientôt convaincus que ces defcriptions étoient beaucoup! trop refferrées, fouvent équivoques, quelquefois même entierement contradictoires pour pouvoir determiner d'après elles la plus grande partie des efpèces, felon l'ordre dans lequel il les a rangées. Nous recourumes alors aux figures et planches que M. de LINNAEUS avoit alléguées de SEBA, RUMPH, D'ARGENVILLE et de BONANNI. Mais nôtre embarras ne fit qu'augmenter. Car nous trouvames fous la même efpèce de Limaçons diverfes figures entiérement differentes l'une de l'autre, fouvent les mêmes Limaçons divifés comme s'ils compofoient deux ou trois efpèces totalement differentes, et on y chercheroit en vain quantité de Limaçons ou de Moules, quoique nous ne puiffions pas prefumer qu'ils fuffent inconnus à M. de LINNAEUS, ou qu'ils ne fe trouvaffent pas dans fon beau Cabinet en tout genre de Curiofités Naturelles. Il ne nous restoit donc d'autre parti à prendre, que celui de regarder uniquement comme des Anomalies, fuivant le point de vue de M. de LINNAEUS, la grande quantité de Coquillages qui ne fe trouvent pas decrits, d'autant que M. le Chevalier dit dans une note, qu'il avoit laiffé, fans en faire mention, une grande quantité d'anomalies ou de fous-efpèces: (Ed. XII. pag. 1216. Varietates conchyliorum exclufi numerofiffimas, Murices tamen frondofas admifi, quamvis inter fe nimis affines.) Dans cette idée, nous commençames à ranger fous nos yeux les Originaux; mais il s'en prefenta plufieurs que nous ne regardions que comme des anomalies, placés comme formants des efpèces particulières, et plufieurs efpèces réellement differentes comme n'etant que de fimples anomalies. D'où nous conclumes bientôt l'abfolue impoffibilité

de

de reunir nôtre Methode avec celle de M. le Chevalier, ou, de faifir le même point de vue fons lequel il confidére les Coquillages.

POUR fortir du Labyrinthe où nous étions entrés en promettant une
Table felon l'Ordre de M. de LINNAEUS, voici le parti que nous avons
pris. Nous avons fait inférer entre chaque feuille de fon *Siflême de la Nature* du papier blanc *in folio*; nous avons coupé enfuite les figures de notre ouvrage fur les Coquillages, nous avons feuilleté toutes celles des Ouvrages de SEBA, RUMPH, D'ARGENVILLE et de BONANNI, l'une
après l'autre, nous les avons comparées avec les nôtres, et nous avons colé
les figures coupées de nôtre Ouvrage fur le papier que nous avions fait inférer dans celui de LINNAEUS. Et comme à la fin, il nous reftoit encore beaucoup de Figures à placer, nous les avons placées comme des
Anomalies là où elles apartenoient fous les Genres et les Efpèces avec lesquelles elles avoient le plus de convenance, de maniere qu'il ne nous en eft
demeuré de refte que très peu que nous n'avons abfolument pu placer ni
emploier.

TELLE eft l'Hiftoire de la penible produ&ion de cette Table felon
l'Ordre de LINNAEUS, qui nous a couté beaucoup de tems, et que les
Amateurs ont attendue avec tant d'impatience. Nous ne fommes au refte
entrés dans tout ce detail, que pour rapeller à nos Le&eurs qu'ils ne doivent pas s'étonner de trouver reunis et rangés dans une même Claffe certains Coquillages qu'on ne chercheroit jamais enfemble. Car il faut confidérer que M. le Chevallier de LINNAEUS a une methode de Claffification
qui lui eft toute partieuliére et par laquelle il s'écarte de deffein prémédité
de la route que les autres Auteurs en ce genre ont fuivie. Ainfi il ne faut
pas s'en raporter toujours avec trop de fecurité aux planches auxquelles il
renvoie dans fon *Siflême de la Nature*, par ce que fouvent elles font rapor-
tées inéxa&ement, et que les planches qui fe trouvent dans les Ouvrages des
autres Auteurs dans ce genre font quelquefois elles mêmes fautives ou con.

a 2   fufes

fufes. Il eft poffible enfin, que nous nous foions auffi trompés dans un point ou dans un autre, ce qui pent arriver d'autant plus facilement, lorsque l'on n'a pas un plaifir décidé pour une divifion dont on fe fert cependant faute de mieux.

CE N'EST au refte pas de nôtre but, de raporter ici les raifons que nous avons pour ne pas aprouver et adopter l'arrangement de LINNAEUS, independemment du grand travail et de la grande précifion qu'il décèle, ce qui paroitroit devoir lui donner la preference; ni pourquoi nous avons choifi une Claffification toute differente de la fienne, quoique la plûpart des habitans des Coquilles ne nous foit pas parfaitement connue; puisque nous n'avons fait cette Table que pour complaire à ceux qui regardent toutes les divifions comme infuffifantes, dès qu'elles ne font pas précifément dans le goût de LINNAEUS. Nous nous contentons feulement de l'apeller *Effai d'une Table felon l'Ordre de LINNAEUS*, foit parce que notre Ouvrage ne prefente pas tous les Coquillages que celui de M. de LINNAEUS renferme, (comme on peut le voir par les vuides qui fe trouvent dans les Nombres,) foit parce que nous n'envions pas à d'autres l'honneur de la livrer d'une manière plus compiette et plus éxaête.

TABLE
SELON L'ORDRE DE LINNAEUS
ou
ESSAI DE TABLE SISTEMATIQUE
FAITE D'APRES LA DOUZIEME EDITION
DU
SISTEME DE LA NATURE
DE M. LE CHEVALIER DE LINNAEUS.

NB. Les Nombres et Chiffres exprimés en gros Caractéres marquent les Genres, & les Nombres & Chiffres exprimés en petits Caractères les Efpèces dans chaque Genre. Et d'outant que la douzième Edition *du Siftème de la Nature de LINNAEUS* n'eft pas dans les mains de tout le monde, & que la plûpart n'ont jusques ici que la dixième édition, pour nous rendre utiles aux uns & aux autres, nous avons placé les Nombres & Chiffres d'après la douzième édition, avant les Noms, & les Nombres & Chiffres d'après la dixième édition après les Noms. Lors donc qu'il n'y a point de Chiffres après les Noms, cela fert à marquer que ces Efpèces ne fe trouvent pas dans la dixième édition.

Claffis VI. Vermes.
Ordo III. Vermes, animalia teftacea.

Ed. XII.		Denomination.	Ed. X.		Planches.	Figures.
300.	-	*Chiton.*	266. Chiton.	*Multivalves avec la Coquille fur le dos.*		
	3.	Aculeatus	3.	-	— XVII***	— 3, 4.
301.	-	*Lepas.* -	267. Lepas.	*Multivalves dont le fond s'attache aux rochers.*		
	12.	Tintinnabulum	6.	-	— II*	— 6.
	13.	Diadema,	caret.	-	— XXX**	— 3, 4.
	18.	Anatifera	9.	-	— XXX*	— 4, 5.

a 3   Ed. XII.

❊) o (❊

Ed. XII.	Denomination.	Ed. X.		Planches	Figures.
302.	*Pholas.*	268.	Pholade Piddoch. Pitaut. Dail. L'atte. *Fourreau de pierre.*		
	20,	Dactylus	10.	— XXV*	— 4.
303.	*Mya.* -	269.	Mytules. *Moules.*		
	29.	Margaritifera	20.	— XXV***	— 2.
	30.	Perna -	21.	— IV.	— 5, 6.
				— XXX	— 4, 5.
				— XXIII*	— 7.
				— XV* *	— 2, 4, 5.
				— XXX***.	— 3.
304.	*Solen.* -	270.	Solen. Manches de couteaux. *Coquilles en tuyau.*		
	35.	Vagina	23.	— XXVIII	— 3.
	38.	Radiatus	28.	— VI	— 5.
305.	*Tellina.*	271.	Tellines. *Coquilles en affiete.*		
	45.	Lingua felis	34.	— II*	— 1.
	46.	Virgata	35.	— XIX.	— 1.
				— XXI*	— 4.
				— II**	— 2, 4.
				— XXV***	— 1.
	48.	Gari	36.	— III***	— 4.
	54.	Radiata	42.	— XX*	— 5.
	55.	Roftrata	43.	— II***	— 3, 5.
306.	*Cardium.*	272.	Cardies. *Coquilles en coeur.*		
	73.	Coftatum	58.	— XXVIII	— 2.
	74.	Cardiffa	59.	— XVIII	— 3, 4.
	79.	Echinatum	63.	— XXIX*	— 3, 4.
				— XI V***	— 5.
	80.	Ciliare	64.	— XIV***	— 3.
	83.	Fragum	67.	— XXIX**	— 2.
	84.	Unedo	68.	— XXIX*	— 5.

Ed. XII.	Denomination.	Ed. X.			Planches.	Figures.
308.	- *Donax.*	273.	*Moules longues à écaille epaiſſe.*			
	105. Trunculus	85.	-	-	— VII	— 7.
					— XXIII*	— 2,3,4,5.
309.	- *Venus.*	-	274. *Coquilles de Venus.*			
	112. Dione	91.	-	-	— IV	— 3, 4.
	113. Paphia,	caret.	-	-	— XXVII*	— 2.
	114. Marica	92.	-	-	— XXVIII*	— 3.
					— XXIV***	— 3.
	115. Diſera	93.	-	-	— XXVIII*	— 2.

NB. C'eſt abſolument la même quele No.113,
     apellé Paphia.

	120. Petulca	97.	-	-	— III***	— 5.
	125. Chione	100.	-	-	— XVIII*	— 4.
	126. Maculata	101.	-	-	— XXVIII*	— 5.
	128. Læta	104.	-	-	— XXI	— 4.
					— XXIII*	— 6,
					— III***	— 4.
	129. Caſtrenſis	105.	-	-	— XXI	— 5.
					— XX*	— 2.
					— IV**	— 4.
	134. Reticulata	110.	-	-	— III***	— 2.

NB. Celle - ci et la ſuivante ne font qu'une
     même Coquille.

	141. Tigerina	112.	-	-	— III***	— 2.
	147. Literata	124.	-	-	— VI	— 4.
					— XXVIII*	— 4.
	148. Rorundata	125.	-	-	— XX*	— 4,
	149. Decuſſata	126.	-	-	— III***	— 3.
	150. Virginea,	caret	-	-	— II***	— 1.
					— XIV***	— 4.
					— XXIV***	— 2.

310. Spon.

Ed. XII.	Denomination.	Ed. X.			Planches	Figures.
310.	- *Spondylus.*	275. Les Spondyles.	*Huitre épineuſes ou bériſſées.*			
151.	Gæderopus	127.	-	-	— VII	— 1.
					— IX	— 2.
152.	Regius. -	128.	-	-	— XIV***	— 1.
311.	- *Chama*	276. Les Cames,	ou *Moules beantes.*			
155.	Gigas -	130.	-	-	— XIX	— 3.
156.	Hippopus -	131.	-	-	— XXII	— 1, 2.
157.	Antiquata -	132.	-	-	— XX*	— 3.
					— IV**	— 5.
164.	Lazarus -	129.	-	-	— VIII	— 1.
					— XXIX	— 1.
312.	*Arca.* -	277. Arches de Noé.				
168.	Tortuoſa	139.	-	-	— XXIII	— 3.
169.	Noa -	140.	-		— XVI	— 1, 2.
170.	Barbata -	141.		-	— II*	— 7.
176.	Granoſa -	146.		-	— XXIV	— 3, 4.
					— XIV***	— 2.
313.	- *Oſtrea.* -	278. Huitres.				
185.	Maxima -	154.		-	— XIV*	— 1.
					— XVII*	— 1, 3.
					— XXII*	— 3.
189.	Minuta -	158.		-	— XVIII	— 2.
					— III*	— 2, 3.
					— V*	— 4.
					— XVII*	— 2.
190.	Pleuronectes	159. -		-	— XX	— 3, 4.

b   Ed. XII.

Ed. XII.	Denominat.	Ed. X.			Planches	Figures
291.	Imperialis	251.	-	-	— XI*	— 2.
292.	Litteratus	252.	-	-	— XVI	— 3.
					— XVII	— 4.
					— XII*	— 3.
					— XVIII**	— 5.
					— XXVI***	— 1.
293.	Generalis	caret.	-	-	— VII	— 3.
					— V*	— 2.
					— VI*	— 3.
					— XVIII*	— 2, 3.
					— XVII**	— 4, 5.
					— XVIII**	— 4.
294.	Virgo	253.	-	:	— XXIV*	— 4.
					— XXII**	— 1.
					— XVI***	— 5.
295.	Capitaneus	254.	(δ) -	-	— VII	— 6.
					— XV	— 3.
			(γ)		— I**	— 2, 3.
296.	Miles	255.	-	-	— XV	— 4.
297.	Princeps	256.	-	-	— IV**	— 2.
					— XVI**	— 2, 3.
					— XXVII**	— 2, 5.
298.	Amiralis	257.	Summus.	-	— VIII	— 2.
			Occidentalis.	-	— III***	— 1.
301.	Nobilis	259.	-	-	— VII	— 4.
302.	Germanus	260.	(β) papilio.	-	— I*	— 1.
					— VI**	— 4.
303.	Glaucus	261.	-	-	— VII*	— 1.
305.	Minimus	263.	-	-	— XI**	— 2.
					— XIII***	— 3, 4.

b 2   Ed. XII.

Ed. XII.	Denominat.	Ed. X.			Planches.	Figures.
306.	Rusticus	264.	.	.	— XI*	— 3.
307.	Mercator	265.	.	.	— I*	— 4.
					— XI**	— 3.
308.	Betulinus	266.	.	.	— XI*	— 3.
					— III**	— 2.
					— XXVI***	— 1.
309.	Figulinus	267.	.	.	— XI**	— 2.
310.	Ebræus	268.	.	.	— VI**	— 2.
311.	Stercus Mu-scarum.	269.	.	.	— VII	— 5.
312.	Varius	270.	.	.	— VIII	— 4.
					— XXIV	— 5.
313.	Clavus	272.	.	.	— XVIII**	— 2.
314.	Nuffatella	273.	.	.	— IV*	— 7.
					— V*	— 3.
					— XIX**	— 2, 4.
315.	Granulatus	274.	.	.	— VI**	— 5.
316.	Aurifiacus	275.	.	.	— VIII	— 3.
317.	Magus	276.	.	.	— I*	— 5, 6, 7.
318.	Striatus	277.	.	.	— XVIII	— 1.
					— XII**	— 5.
					— XXI**	— 1.
					— XXII**	— 4.
319.	Textile	278.	.	.	— XVIII	— 6.
					— I*	— 1, 2, 3.
					— XIX**	— 1.
320.	Aulicus	279.	.	.	— VIII*	— 3.
					— XI*	— 4.
					— XVIII**	— 2.
321.	Spectrum	280.	.	.	— VIII*	— 4.

Ed. XII.

Ed. XII.	Denominat.	Ed. X.			Planches.	Figures.
323.	Tulipa	282.	-	-	— XI*	— 4.
					— XII**	— 4.
324.	Geographus.	283.	-	-	— XXI**	— 2.
320.	- *Cypræa.*	285.	Porcellaines.			
325.	Exanthema	caret.	-	-	⎰— XII**	— 3.
					⎱— XIII***	— 1.
326.	Mappa	285.	-	-	— XXVI	— 3.
327.	Arabica	286.	-	-	— XVI*	— 1.
					— XII**	— 2.
328.	Argus	287.	-	-	— XXIV*	— 2.
					— XI**	— 5.
329.	Teſtudinaria	288.	-	-	— XIII	— 1, 2.
					— XXVII***	— 2.
332.	Zebra	291.	-	-	— XXIV*	— 3.
333.	Talpa	292.	-	-	— XXVII	— 2, 3.
334.	Amethyſtea	293.	-	-	— II**	— 2.
339.	Caput ſerpentis.	298.	-	-	— IX***	— 6.
340.	Mauritiana	299.	-	-	— XXVI	— 4,
					— XXVII**	— 5.
					— IX***	— 3.
342.	Mus	301.	-	-	— XII**	— 3.
343.	Tigris	302.	-	-	— V	— 3, 4.
345.	Iſabella	304.	-	-	— IX***	— 5.
346.	Onyx	305.	-	-	— IX***	— 4.
					— XVI***	— 4.
					— XXIV***	— 4.
351.	Aſellus	309.	-	-	— XXV***	— 3, 4.
354.	Moneta	312.	-	-	— IX***	— 4.
					— XXIV***	— 4

b 3   Ed. XII.

Ed. XII.	Denominat.	Ed. X.			Planches	Figures.
355.	Annulus	314.	-	-	— XVI***	— 4.
365.	Nucleus	323.	-	-	— XVI***	— 2.
					— XVII***	— 7.
					— XXIV***	— 5.
321.	- Bulla.	286. Oeufs marins. Noix marines. Limaçons en Veſſie.				
373.	Verrucofa	330.	-	-	— XXVI***	— 7.
374.	Gibbofa	331.	:	-	— XIV.	— 3, 4.
375.	Naucum	332.	-	-	— VIII*	— 1.
378.	Ampulla	334.	-	-	— VIII*	— 1.
382.	Ficus	caret.	-	-	— XIX	— 4.

Voiés dans la X. Edition fous les *Murex*. comme
auſſi la ſuivante.

Ed. XII.	Denominat.	Ed. X.			Planches	Figures.
					— XXIII**	— 1.
383.	Rapa	caret,	-	-	— VII	— 2.
					— XIX	— 5,
388,	Terebellum	caret.	-	-	— IV*	— 4, 5.
390.	Virginea	caret.	-	-	— XVII	— 5.
					— XXX	— 7.
					— V**	— 5.
					— XXVIII***	— 4, 5.
391.	Achatina	343.	-	-	— III**	— 1.
322.	- Voluta.	287. Les Volutes. Cylindres.				
393.	Auris Midæ	345. fous les Oeufs marins			— XXIV***	— 1.
398.	Porphyria	349.	-	-	— XV	— 1.
					— II**	— 3, 4.
399.	Olyva	350.	-	-	— XII*	— 1, 2.
					— XII*	— 4, 5.
					— XVII**	— 2, 3.

Ed. XII.

Ed. XII.	Denominat.	Ed. X.			Planches.	Figures.
400.	Ispidula	351.	-	-	— XV	— 7.
					— X*	— 6, 7.
					— XIX**	— 3.
404.	Perficula	352.	-	-	— XXIII***	— 1.
					— XXVII***	— 1.
413.	Cancellata	caret.	-	-	— XXVI***	— 6.
					— XXX***	— 2.

Voiés aussi No. 538. Murex reticularis.

Ed. XII.	Denominat.	Ed. X.			Planches.	Figures.
415.	Cornicula	362.	-	-	— XIII**	— 5.
419.	Sanguifuga	364.	-	-	— XXVII**	— 3.
					— XI***	— 2, 3, 4.
					— XXI***	— 6.
422.	Vulpecula	365.	-	-	— XV**	— 2.
423.	Plicariaj	366.	-	-	— XV	— 5, 6.
					— XXVII**	— 4.
424.	Pertufa	367.	-	-	— III*	— 7.
425.	Mitra Epifco-	368.	-	-	— VI	— 2.
	palis				— XXVIII***	— 3.
426.	Mitra Papalis	369.	-	-	— VI	— 1.
					— XXVIII***	— 2.
427.	Mufica	370.	-	-	— XXIII	— 1.
					— XXIV	— 1, 2.
					— XV*	— 4, 5.
					— XII**	— 1.
428.	Vefpertilio	371.	-	-	— XXII	— 3.
430.	Turbinellus	caret.	-	-	— XIII*	— 2, 3.
432.	Ceramica	caret.	-	-	— II*	— 3.
435.	Ætiopica	373.	-	-	— IV*	— 1.
437.	Olla	375.	-	-	— XXX*	— 1.
	et peut-être encore.				— XXIX**	— 1, 2.

Ed. XII.

Ed. XII.	Denominat.	Ed. X.			Planches	Figures.
323.	-	*Buccinum.*	288.	Les Buccins. ou,	*Coquilles en Trompette.*	
	440.	Perdix	378.	-	-	— VIII**	— 1.
	442.	Dolium	380.	-	-	— VIII**	— 4.
	443.	Echinopho-rum	381.	-	-	— XVII	— 1.
	444.	Plicatum	383.	-	-	— XXVIII**	— 1.
	445.	Cornutum	384.	-	-	— II**	— 1.
	446.	Rufum	385.	-	-	— X**	— 1, 2.
						— I***	— 1.
	447.	Tuberofum	382.	-	-	— IX*	— 2.
	448.	Flammeum	386.	-	-	— IV***	— 1.
	449.	Tefticulus	387.	-	-	{ — X*	— 2.
						— VIII**	— 2.
						— VI***	— 1.
	450.	Decuffatum	388.	-	-	— X	— 3, 4.
	451.	Areola	389.	-	-	— VIII**	— 5.
	452.	Erinaceus	390.	-	-	— XXVI**	— 2, 3.
	453.	Glaucum	391.	-	-	— VIII**	— 3.
	454.	Vibex	392.	-	-	— X**	— 3, 4.
	455.	Papillofum	393.	-	-	— XXVII*	— 2.
	456.	Glaus	394.	-	-	— V**	— 5.
	457.	Arcularia	395.	-	-	— XXVI***	— 6.
	462.	Harpa	400.	-	-	— IX	— 3.
						— VIII*	— 2.
						— XIX*	— 1, 2.
	464.	Perficum	401.	-	-	— II**	— 5.
						— V***	— 4.
						— XXX***	— 1.
	465.	Patulum	402.	-	-	— XXV	— 5, 6.
	468.	Smaragdulus	404.	-	-	— XIV**	— 5.
	469.	Spiratum	405.	-	-	— VI*	— 5.
						— III**	— 4.

Ed. XII.

Ed. XII.	Denominat.	Ed. X.			Planches.	Figures.
470.	Glabrum	406.	-	-	— XVI*	— 4, 5.
472.	Undofum	409.	•	•	— XIV*	— 4, 5.
475.	Undatum	410.	-	•	— XIX***	— 1.
476.	Reticulatum	411.	-	-	— V***	— 5.
479.	Maculatum	415.	•	•	— XXIII**	— 2, 3,
480.	Subulatum	caret.	-	•	— XXIII	— 4.
481.	Crenulatum	416.	-	•	— VIII	— 7.
					— XXVI**	— 4, 5.
482.	Hecticum	417.	-	•	— XXIII	— 5.
483.	Vittatum	caret.	•	•	— XVI	— 4.
485.	Duplicatum	419.	-	•	— XX**	— 3.
324. •	*Strombus.*	289.	*Les Strombes.* ou *Eguilles.*		Vis, Cornets,	
490.	Pes pelecani	422.	-	•	— VII*	— 4.
					— VIII**	— 4,
491.	Chiragra	423.	-	•	— XXVII	— 1.
					— XXVII*	— 4.
492.	Scorpius	424.	-	•	— III	— 1.
493.	Lambis	425.	-	•	— XXVIII	— 1.
					— VII**	— 1.
494.	Millepeda	426,	-	•	— XXVIII	— 1.
495.	Lentiginofus	427.	• -	•	— XIII**	— 2.
496.	Gallus	428.	•		— XVIII	— 1.
					— XII**	— 1.
497. •	Auris Dianæ	429.	-	•	— XV*	— 1, 2.
498.	Pugilis	430.	-	•	— XI**	— 1.
					— XVI**	— 1.
					— XVII**	— 2.
501.	Gibberulus	433.	•	•	— XIV*	— 3.
					— XIII**	— 4.

C

Ed. XII.	Denominat.	Ed. X.			Planches	Figures
502.	Oniſcus	caret.	·	·	— XII***	— 4.
503.	Lucifer	434.	·	·	— XXIX*	— 1.
					— V**	— 4.
					— XVI**	— 4.
504.	Gigas	435.	·	·	— IX	— 1.
					— XVI**	— 1,
506.	Epidromis	437.	·	·	— XIII**	— 3.
507.	Canarium	438.	·	·	— XVIII	— 5;
508.	Vittatus	439.	·	·	— XX**	— 2.
515.	Paluſtris	caret.	·	·	— XVIII**	— 1.
516.	Ater	441.	·	·	— XX**	— 3.

325. — *Murex.* 290. Rochers. Pourpres. *Coquilles à aiguillons,* ou *garnies de pointes et tubercules.*

Ed. XII.	Denominat.	Ed. X.			Planches	Figures
518.	Hauſtellum	443.	·	·	— XII	— 2, 3.
519.	Tribulus	444.	·	·	— XI	— 3, 4.
520.	Cornutus	445.	·	·	— XXII*	— 4, 5.
					— IX**	— 4.
521.	Brandaris	446.	·	·	— XVIII*	— 1, 2.
					— IX**	— 4.
522.	Trunculus	447.	·	·	— IX**	— 1.
					— XIII**	— 1.
523.	Ramoſus	448.	·	·	— XXVI	— 1, 2.
					— VII*	— 4, 5.
					— IX**	— 3.
524.	Scorpio	449.	·	·	— XI**	— 4, 5.
525.	Saxatilis.	450.	·	·	— XXV	— 1, 2.
					— XXIII***	— 3.
527.	Rana	452.	·	·	— XIII*	— 6, 7.
529.	Lampas	454.	rubo β	·	— XXVIII*	— 1.

Ed. XII.	Denominat.	Ed. X.		Planches	Figures
530.	Olearium	455.	Suivant differentes planches dont M. de LINNAEUS fait mention dans son Ouvrage.	— III*	— 4, 6.
				— XXVI*	— 3.
				— XXI***	— 7.
				— XXX***	— 2.
531.	Femorale	456.	- -	— VII*	— 2, 3.
533.	Lotorium	457.	- -	— XVI***	— 1.
536.	Rubecula	459.	- -	— XIII	— 3, 4.
				— V**	— 1, 3.
				— IX**	— 5.
537.	Scrobilator	460.	est la même que le No. 527. Rana, et que le No. 547. Melongena.	— XVII	— 5.
				— II*	— 2.
				— XIII*	— 6, 7.
538.	Reticularis	461.	- -	— XXIII***	— 5.
539.	Anus	463.	- -	— III**	— 5.
540.	Ricinus	464.	- -	— VII***	— 1.
542.	Neritoides	caret.	- -	— IV***	— 2, 3.
543.	Histrix	468.	- -	— VII**	— 5.
545.	Hippocasta- num	471.	- -	— VII*	— 3.
				— X*	— 1.
546.	Senticosus	474.	- -	— XXIII***	— 4.
547.	Melongena	472.	- -	— XVII	— 5.
				— II*	— 2.
549.	Babylonicus	479.	- -	— XIII***	— 2.
551.	Colus	480.	- -	— V**	— 1.
				— XIV**	— 1.
552.	Morio	481.	- -	— XX	— 1.
	et peut-être encore,		-	— VI*	— 2.
555.	Canaliculatus	483.	- -	— VI*	— 2.

NB. Cette Coquille paroit être la même que le petit Morio; ci-dessus, 481.

Ed. XII.	Denominat.	Ed. X.			Planches	Figures.
557.	Perverfus	485.	-	•	— XXX	— 1.
560.	Tritonis	488.	-	•	— XVI*	— 2, 3.
561.	Pufio	490.	-	•	— III*	— 3.
					— IV*	— 6.
					— VI*	— 4.
564.	Dolarium	caret.	-	•	— XXIV*	— 5.
					— VII**	— 2.
					— VI****	— 5.
566.	Lignarius	492.	-	•	— XV**	— 2.
567.	Trapezium	493.	-	•	— XX***	— 1.
568.	Syracufanus	494.	-	•	— XV*	— 3.
572.	Aluco	497.	-	•	— XVI**	— 5.
					— XXVI**	— 4, 5.
577.	Granulatus	501.	•	•	— XV**	— 3.

326. - *Trochus.* 291. Toupies. Sabots.

579.	Niloticus	caret.	•	•	— V*	— 1.
					— VI*	— 1.
580.	Maculatus	502.	-	•	— XII	— 1, 4.
581.	Perfpectivus	503.	-	•	— XI	— 1, 2,
584.	Pharaonis	506.	-	•	{— XXX — II* — XXVI**	— 6. — 4, 5. — 3, 4.
585.	Magus	507.	-	•	— III	— 2.
					— XXIX**	— 1, 2.
					— VIII***	— 2.
586.	Modulus	508.	-	•	— IV***	— 5.
					— XXIII***	— 2.
595.	Labio	516.	-	•	— IV**	— 3.

Ed. XII.	Denominat.	Ed. X.			Planches.	Figures.
596.	Tuber	517.	.	. .	— IV***	— 4.
					— VII***	— 1.
599.	Riryphinus	510.	.	.	— XIV**	— 2, 3.
600.	Telefcopium	521.	.	.	— XXII**	— 2, 3.
327.	- *Turbo.*	292.	*Limaçon en Lune.* ou, Coquilles turbinées			
			et contournées à Volutes felon BERTRAND.			
611.	Perfonatus	532.	.	.	— III	— 4.
					— X	— 5.
					— XXI	— 3.
					— XX**	— 4.
612.	Petholatus	533.	.	.	— XXII*	— 1, 2.
					— III**	— 3.
					— XXIII**	— 4.
					— XXVIII**	— 2,3,4,5.
613.	Cochlus	534.	.	.	— III	— 3.
614.	Chryfoftomus	535.	.	.	— XIV	— 2.
615.	Tectum Perfi-cum	536.	.	.	— XXV	— 3, 4.
					— IV***	— 5.
					— VI***	— 2.
617.	Calear	538.	.	.	— VII***	— 1.
618.	Rugofus	caret.	.	.	— III	— 5.
					— X	— 5.
					— XX**	— 1.
619.	Marmoratus	539.	.	.	— III	— 1.
					— XXVI**	— 1.
					— XXVII**	— 1.
621.	Olearius	541.	.	.	— IX*	— 1.
622.	Pica	542.	.	.	— X	— 1, 6, 7.

Ed. XII.	Denominat.	Ed. X.			Planches.	Figures.
624.	Argyroftomus	544.	-	-	— III	— 3.
					— XV**	— 5.
626.	Delphinus	546.	-	-	— XXII	— 4, 5.
					— IV***	— 2, 3.
					— VII***	— 2, 3.
					— VIII***	— 1.
630.	Sealaris	548.	-	-	— XX***	— 2, 3.
	c'en eft une efpéce feulement.					
631.	Clathrus	549.	-	-	— XI	— 5.
					— XI*** .	— 5.
					— XX***	— 4, 5.
645.	Terebra	562.	-	-	— VIII	— 6.
646.	Variegatus	563.	,	-	— XXVII*	— 1.

328. - *Helix.* 293. Limaçons *en Tournant, en Labyrinthe,*
Escaliers, Cadran, Rofette d'Epinette.

665.	Carocolla	561.	-	-	— V***	— 2, 3.
674.	Cornu arietis	590.	-	-	— V***	— 2, 3.
					— XIII***	— 4.

Voiés auffi le No. 681. Ungulina.

676.	Ampulacea	592.	-	-	— XXI	— 3.
677.	Pomaria	593.	-	-	— XIII*	— 5.
					— XXVII***	— 3.
682.	Ungulina	597.	-	-	— II	— 4. 5.
					— X	— 2.
686.	Hifpana	599.	-	-	— XIII*	— 4.
689.	Janthina	602.	-	-	— XXX*	— 2, 3.

329. - *Nerita.* 294. Nerites. *Limaçons nageants.* Virlis.
Bigornettes, Limaçons à bouche rouge ou Bonto.

715.	Caurena	623.	:	-	— XV**	— 4.

Ed. XII.

Ed. XII.	Denominat.	Ed. X.			Planches.	Figures.
716.	Glaucina	624.	-	-	— XI*	— 1.
					— VII***	— 4, 5.
717.	Vitellus	625.	-	-	— VIII*	— 5.
718.	Albumen	628.	-	-	— VI***	— 3, 4.
					— VIII***	— 4.
719.	Mammilla	627.	-	-	— VI	— 6, 7.
730.	Virginea	637.	-	-	— X	— 3.
					— X	— 4.
731.	Polita	638.	-	-	— XXI*	— 3.
					— XV**	— 4.
732.	Peloronta	639.	-	-	— X*	— 5.
					— I**	— 4.
					— XV**	— 4.
736.	Groffa	643.	-	-	— I**	— 5.
737.	Chamæleon	644.	-	-	— XIII	— 5.

330.   -   *Haliotis.*   295. Oreilles de Mer.

Ed. XII.	Denominat.	Ed. X.			Planches.	Figures.
741.	Tuberculata	648.	-	-	— XVII	— 2, 3.
742.	Striata	649.	-	-	— XX	— 5.
743.	Varia	650. ⎤				
744.	Marmorata	651. ⎦	-	-	— XVII*	— 4, 5.
745.	Afinina	652.	-	-	— XV**	— 1.

331.   -   *Patella.*   296. Patelles, Lepas. Vil de bouc. *Suceurs de Rocher.*   Ecailles de Rochers.

Ed. XII.	Denominat.	Ed. X.			Planches.	Figures.
748.	Neritoidea	655.	-	-	— XVII***	— 5.
754.	Saccharina	660.	-	-	— XXIX**	— 3, 4.
755.	Barbara	661.	-	-	— XXX**	— 1.
756.	Granularis	662.	-	-	— XXX	— 2.
771.	Teftudinaria	674.	-	-	— XXI	— 1.
					— XXX**	— 2, 5.
772.	Compreffa	675.	-	-	— XXVI*	— 4.

Ed. XII.	Denominat.	Ed. X.			Planches	Figures.
773.	Ruſtica	676.	•	•	— XXV***	— 5.
774.	Fuſca	677.	•	•	— XX	— 2.
					— IX***	— 1, 2.
					— XXIX***	— 3, 4.
775.	Notata	678.	•	•	— XXVI*	— 3.
780.	Græca	683. }		•	— XXX	— 3.
781.	Nimboſa	684. }	•			

332.   -   *Dentalium.*   297. *Coquilles longues et étroites en forme de Dents.*

783.	Elephantinum	686.	•	•	— XXIX	— 3.
786.	Entalis	688.	•	•	— XXIX	— 4.

333.   -   *Serpula.*   298. *Limaçons en tuyaux.*

801.	Lumbricalis	698.	•	•	— XIII*	— 1.
802.	Polythalamia	caret.	•	•	— XXI***	— 1.
803.	Arcuaria	699.	•	•	— XXIX	— 5.
804.	Anguina	700.	•	•	— XVII***	— 2.
806.	Penis.	701.	•	•	— XXVIII***	— 1.

9 782019 996284